jamovi를 이용한 사회과학연구방법론 시리즈 통계적 방법 #3

다원분산분석과 실험설계

정병삼 저

도서출판 양서각

jamovi를 이용한 사회과학연구방법론 시리즈:

#1 빈도분석과 기술통계

#2 t검정과 일원분산분석

#3 다원분산분석과 실험설계

#4 카이제곱 검정

#5 상관분석과 회귀분석

#6 공분산분석

#7 반복측정분산분석

#8 다변량분석

#9 로지스틱스 회귀분석

#10 다층분석

#11 요인분석

#12 구조방정식모형: 경로모형

#13 구조방정식모형: 구조모형

#14 구조방정식모형: 잠재성장모형

#15 구조방정식모형: 부트스트래핑

#16 구조방정식모형: 다집단분석

#17 척도개발

#18 메타분석

#19 시계열분석

#20 심리검사

저자소개

정병삼

University of Virginia 박사(Ph.D. in Research, Statistics, & Evaluation)

現 육군3사관학교 심리학과 교수

저서

군 교육훈련관리자를 위한 교수/학습의 이해(공저, 양서각, 2013)

군 교육훈련관리자를 위한 교육이론과 실제(양서각, 2017)

jamovi를 이용한 사회과학연구 시리즈#1(양서각, 2022)

논문

초기 청소년들이 교사와의 관계에서 지각하는 신뢰와 친밀감의 발달궤적 등 다수

머리말

본서는 jamovi를 이용하여 기초통계부터 고급통계에 이르기까지 누구나 쉽게 통계분석을 연구에 활용할 수 있도록 안내하는 데 목적이 있다. 1편에서는 jamovi를 이용한 빈도분석과 기술통계를 소개했는데, 2편에서는 t검정과 일원분산분석을 안내했다. t검정과 일원분산분석은 기초통계학에서 가장 사용빈도가 높은 분석기법들인데, 특히 실험설계와 자료분석에서 유용하게 사용된다. 3편에서는 jamovi를 이용하여 이원분산분석과 삼원분산분석 등 다원분산분석을 수행하는 방법을 소개하고, 실험설계를 적용하는 방법을 설명한다.

심리학, 교육학 등 행동과학에서는 실험설계를 적용한 연구를 자주 수행하는데, 본서에서는 무료 통계패키지인 jamovi를 보다 쉽게 이용할 수 있도록 분석을 전 과정을 안내하고, 결과를 해석할 수 있도록 돕는다. 또한 SPSS 사용에 익숙한 기존 연구자를 위해서 SPSS를 적용한 분석방법도 함께 제시하여 이해를 돕는다. 아무쪼록 본서를 통해서 어떤 독자든지 쉽게 jamovi를 사용하고, 교육 및 연구, 비즈니스 등에 활용할 수 있기를 바란다.

2024. 6. 30

저자 씀

목차

1장 이원분산분석(Two-way ANOVA)

1.1 이원분산분석 적용의 목적

일원분산분석(ANOVA)은 한 개의 독립변인(요인)이 종속변수에 주는 영향력을 분석하는데 사용되었다. 예를 들어서 교사의 수업방법(독립변인)에 따라서 학생들의 성적에 차이가 있는지 여부를 확인하기 위해 강의식, 토의식, 문제중심 수업방법을 각각 적용한 후 학업성취의 차이를 분석할 수 있다.

그러나 오늘날 심리학, 교육학, 사회복지학 등 행동과학 분야에서 수행되는 다양한 연구에서는 한 개 이상의 독립변인이 종속변수에 주는 영향력을 규명하려고 한다. Fisher는 두 개 이상의 독립변인이 종속변수에 주는 영향력을 동시에 분석할 수 있는 모델을 개발했다. 다요인 분석, 다원분산분석이라고 부르는 설계를 적용하면 하나의 통계모델에 두 가지 이상의 변인이 주는 주효과, 상호작용 효과 등을 규명할 수 있는 장점이 있다.

일원분산분석의 논리와 통계적 모형은 이원분산분석으로 확대되는데, 두 개의 독립변수가 종속변수에 미치는 효과를 규명할 수도 있고, 또는 한 개의 독립변수는 처치효과를 나타내고, 다른 독립변수는 연구자가 통제하려는 통제변수가 될 수도 있다. 예를 들어, 연구자는 성취동기 유형(숙달지향, 수행지향)과 수업방법의 두 가지 효과와 상호작용 효과에 관심을 가질 수 있다. 또는 수업방법은 처치효과, 성별은 통제변수로 사용하여 분석을 수행할 수 있다.

1.2 이원분산분석의 데이터 구조

이원분산분석은 J개의 종적 독립변수(column independent variable)와 K개의 횡적 독립변수(row independent variable)로 자료가 구성된다. 예를 들어 성별과 교수방법에 따른 성적 데이터를 아래에 제시할 수 있다.

성별(J)	수업 방법(K)		
	강의식(K_1)	토의식(K_2)	문제중심(K_3)
남(J_1)	3	2	5
	4	3	6
	4	4	6
	5	5	7
	5	5	8
여(J_2)	6	7	5
	6	8	6
	6	7	7
	7	9	6
	8	8	7

1.3 이원분산분석의 가설검정 절차

1) 이원분산분석의 가설검정을 위해서 먼저 영가설을 진술한다.

① H_0: $\mu_{j1}=\mu_{j2}$ (성별에 따라서 성적에 차이가 없다)

② H_0: $\mu_{k1}=\mu_{k2}=\mu_{k3}$ (수업방법에 따라서 성적에 차이가 없다)

③ H_0: 상호작용 효과는 0이다.

2) 유의수준 : α=.05

3) 검정통계량

H_0: $\mu_{j1}=\mu_{j2}$의 검정통계량

$$F=\frac{SS_j/df_j}{SS_e/df_e}$$

H_0: $\mu_{k1}=\mu_{k2}=\mu_{k3}$의 검정통계량

$$F=\frac{SS_k/df_j}{SS_e/df_e}$$

H_0: "상호작용 효과는 0이다"의 검정통계량

$$F=\frac{SS_{jk}/df_j}{SS_e/df_e}$$

4) 이원분산분석의 분석표 작성

분산원(SV)은 종적 독립변수인 성별과 횡적 독립변수인 수업방법, 두 독립변수의 상호작용, 마지막으로는 오차 등 네 가지이다. 자유도는 성별 경우의 수인 2-1=1이고, 수업방법 종류인 3-1=2, 상호작용은 1×2=2이다.

분산원(SV)	자유도(df)	제곱합(SS)	평균제곱(MS)	F
성별(J)	J-1	SS_J	MS_J	MS_J/MS_E
수업방법(K)	K-1	SS_K	MS_K	MS_K/MS_E
상호작용(JK)	(J-1)(K-1)	SS_{JK}	MS_{JK}	MS_{JK}/MS_E
오차(E)	JK(N-1)	SS_E	MS_E	

5) 의사결정

$F_j > F_{.95}[J-1, JK(N-1)]$이면 H_0: $\mu_{j1}=\mu_{j2}$를 기각

$F_k > F_{.95}[K-1, JK(N-1)]$이면 H_0: $\mu_{k1}=\mu_{k2}=\mu_{k3}$를 기각

$F_{jk} > F_{.95}[(J-1)(K-1), JK(N-1)]$이면 H_0:"상호작용효과가 0이다"를 기각

1.4 교차설계와 내재설계

1) 교차설계(cross design)

이원분산분석에서 교차설계는 두 개의 독립변수가 가지는 주효과(main effect)와 두 변수의 상호작용 효과를 규명하려는 설계이다. 앞선 예에서 학업성취에 대한 성별의 주효과와 수업방법의 주효과, 그리고 성별과 수업방법의 상호작용 효과를 각각 규명할 수 있는 방법이 교차설계이다.

2) 내재설계(nested design)

교차설계와 달리 내재설계는 두 독립변수의 상호작용효과를 규명하지 않고, 한 가지 독립변수의 각 수준에서 다른 독립변수의 효과가 있는지에 관심을 가지는 경우 적용한다. 앞선 예에서 남성집단 내에서 각기 다른 수업방법에 따라서 성적에 차이가 있는지, 여성 집단 내에서 수업방법에 따라서 성적에 차이가 있는지를 규명할 수 있다.

1.5 SPSS에서 교차설계의 적용 예시

앞서 제시한 교차설계를 SPSS에서 실행하는 방법을 소개하면 다음과 같다. 먼저 데이터를 입력한 엑셀 파일을 불러온다. 파일 → 열기 → 데이터를 클릭하고, 데이터 파일이 있는 폴더에서 파일을 클릭한다.

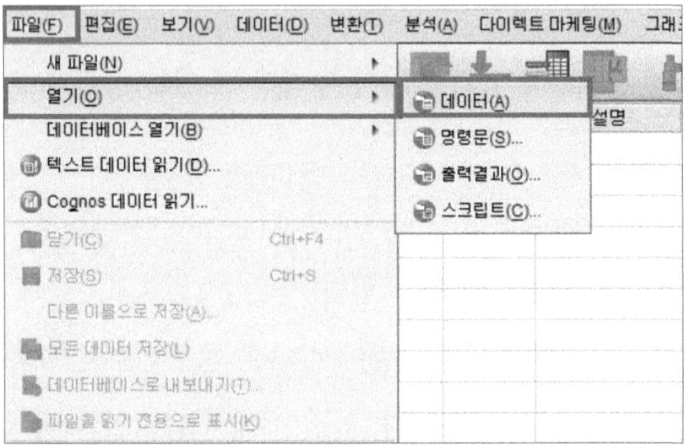

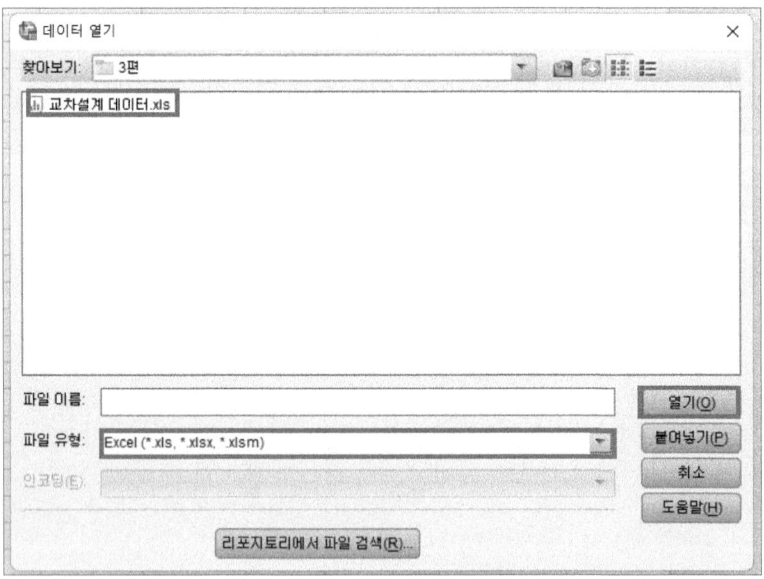

이때 파일유형에서 엑셀 파일 유형(xls)을 지정하고, 해당 데이터 파일을 클릭한다. 이어서 확인을 클릭하면 SPSS에서 해당 엑셀 데이터 파일이 열린다.

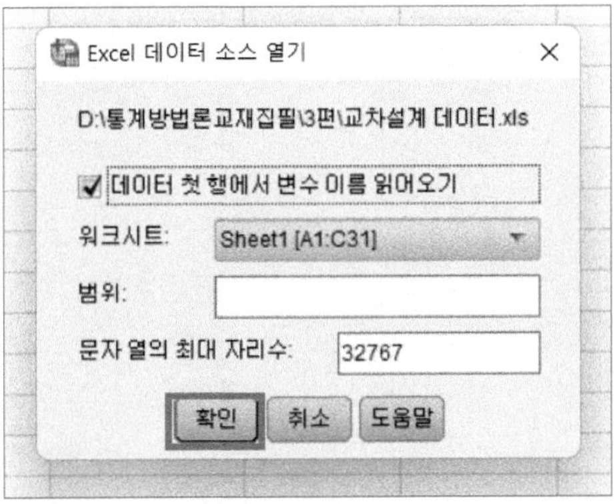

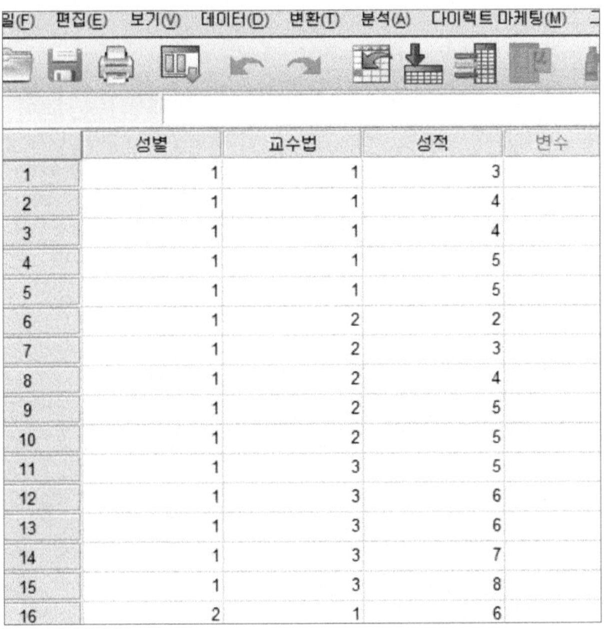

SPSS프로그램 하단의 '변수보기' 탭을 클릭한다. 변수보기 창이 열리면 성별과 교수법은 default값인 명목으로 두고, 성적 변수의 측도(measure)는 척도(scale)로 변경한다.

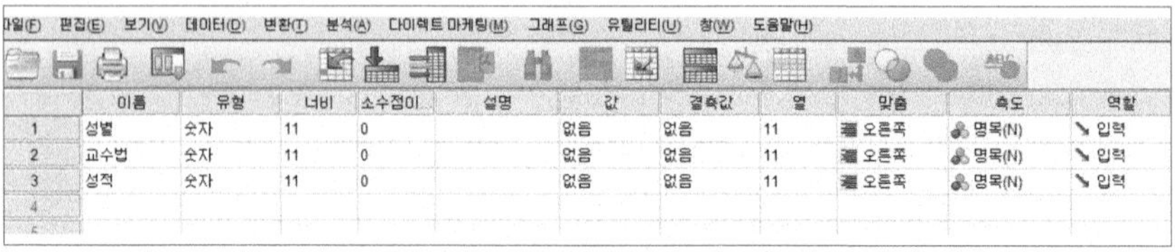

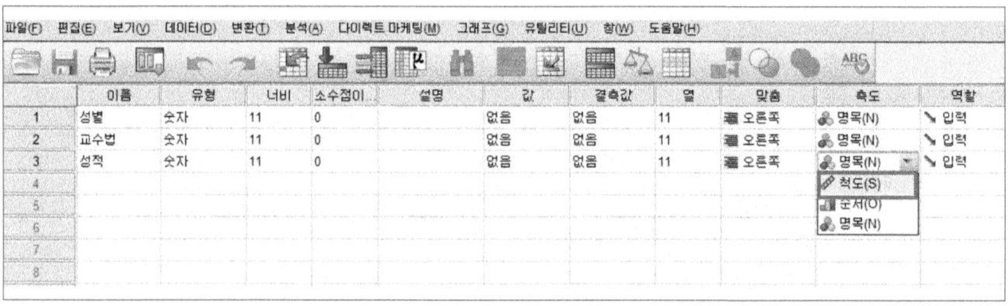

이어서 데이터 보기 탭으로 돌아와서 본격적으로 이원분산분석 실행을 위한 다양한 선택사항을 클릭한다. SPSS에서 이원분산분석은 분석 → 일반선형모형 → 일변량을 클릭한다. 이어서 대화창이 열리면 성적을 종속변수로 지정하고, 성별과 교수법을 모수요인으로 지정한다.

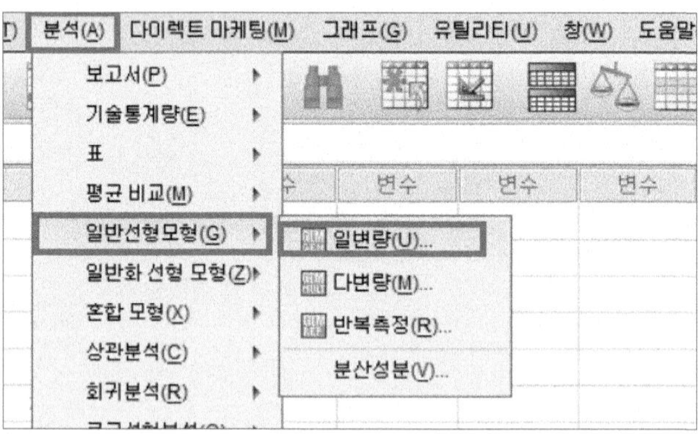

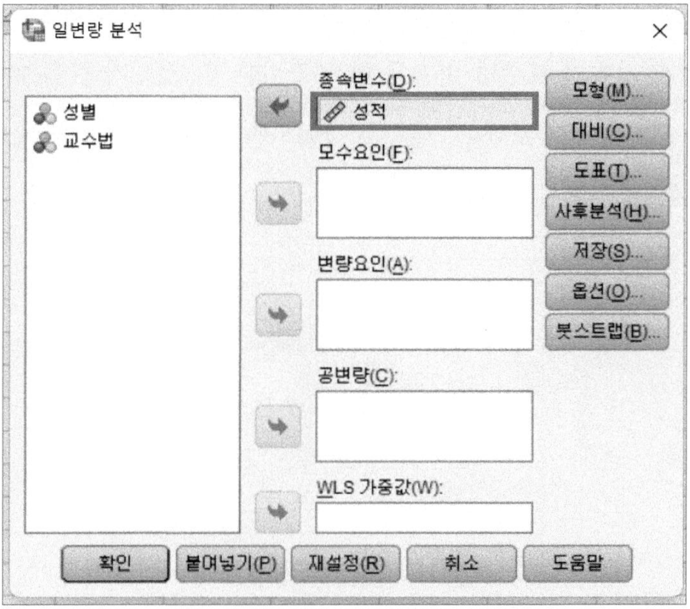

이어서 우측에서 모형탭을 클릭하여 대화상자를 연 후 우측 사용자 정의 탭을 클릭한다. 좌측 요인 및 공변량 상자에 있는 성별과 교수법

변수는 가운데 항설정 택에서 ‘주효과’로 지정하여 우측 모형창으로 보낸다. 이어서 성별과 교수법 변수를 함께 클릭한 후 ‘상호작용’을 지정하여 우측 모형창으로 보낸다. 계속을 클릭하면 원래 이원분산분석 창으로 돌아오는데, 확인을 클릭한다.

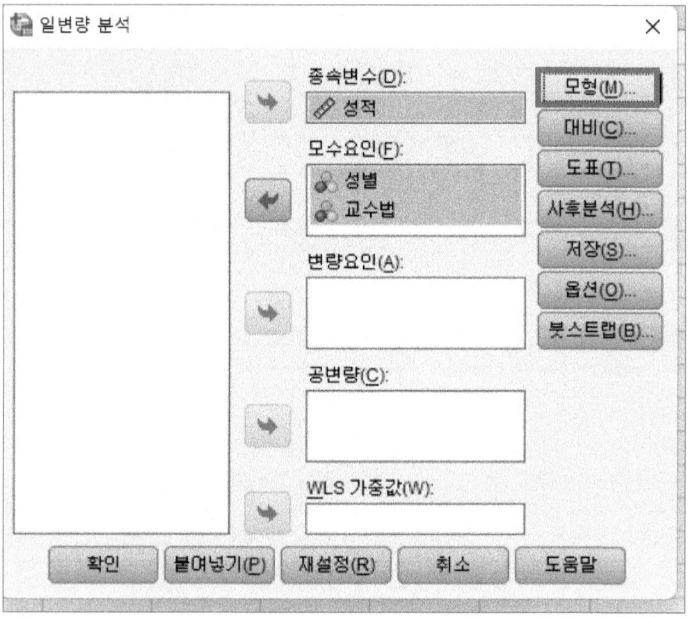

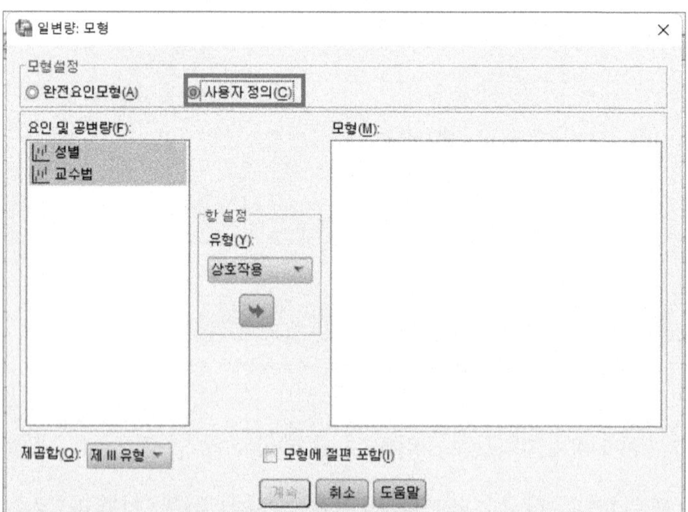

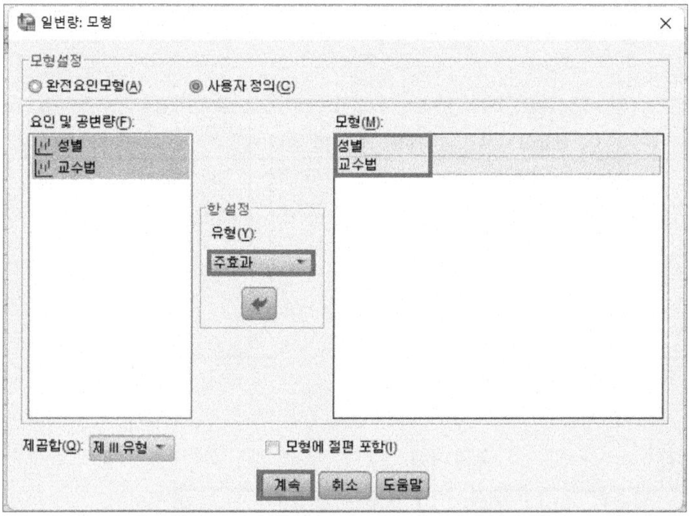

이원 분산분석 결과를 살펴보면 성별에 의한 주효과는 유의미하게 나타났고(F=32.57, df=1,24, p<.001), 교수법에 의한 주효과는 유의미하지 않은 것으로 나타났다(F=2.06, df=2,24, p>.05). 성별과 교수법의 상호작용 효과는 유의미한 것으로 나타났다(F=11.42, df=2,24, p<.001). 여성의 성적이 전반적으로 더 높다.

개체-간 효과 검정

종속 변수: 성적

소스	제 III 유형 제곱합	자유도	평균 제곱	F	유의확률
모형	1079.400[a]	6	179.900	182.949	.000
성별	32.033	1	32.033	32.576	.000
교수법	4.067	2	2.033	2.068	.148
성별 * 교수법	22.467	2	11.233	11.424	.000
오차	23.600	24	.983		
합계	1103.000	30			

a. R 제곱 = .979 (수정된 R 제곱 = .973)

기술통계량

종속 변수: 성적

성별	교수법	평균	표준편차	N
남성	강의법	4.20	.837	5
	토의법	3.80	1.304	5
	문제중심	6.40	1.140	5
	합계	4.80	1.568	15
여성	강의법	6.60	.894	5
	토의법	7.80	.837	5
	문제중심	6.20	.837	5
	합계	6.87	1.060	15
합계	강의법	5.40	1.506	10
	토의법	5.80	2.348	10
	문제중심	6.30	.949	10
	합계	5.83	1.683	30

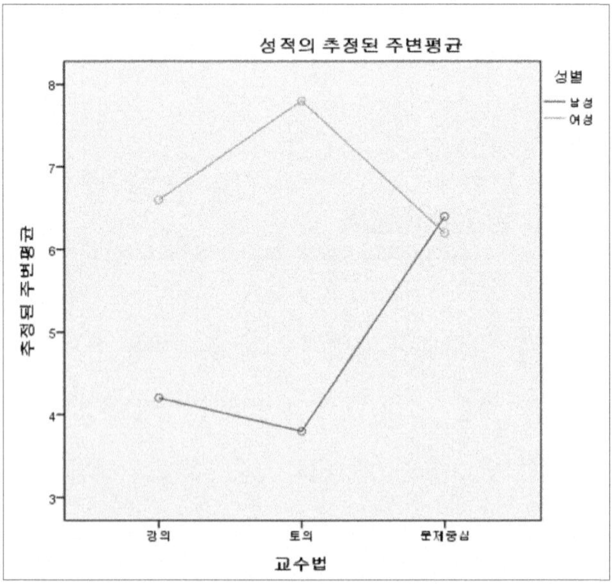

상호작용 효과가 유의미하게 나타났으므로 그 양상을 알아보기 위해 플롯(plot)을 그려보면 다음과 같이 나타났다. 전반적으로 여학생의 성적이 높게 나타났는데, 다만 문제중심학습에서 남학생의 성적이 약간 높게 나타났다.

1.6 jamovi에서 교차설계의 실행 예시

동일한 데이터를 가지고 jamovi에서 이원분산분석의 교차설계 분석을 실행하기 위해서 먼저 jamovi를 실행하고, open → Browse → Data files에서 SPSS를 지정한 후 이원분산분석 데이터를 클릭한다.

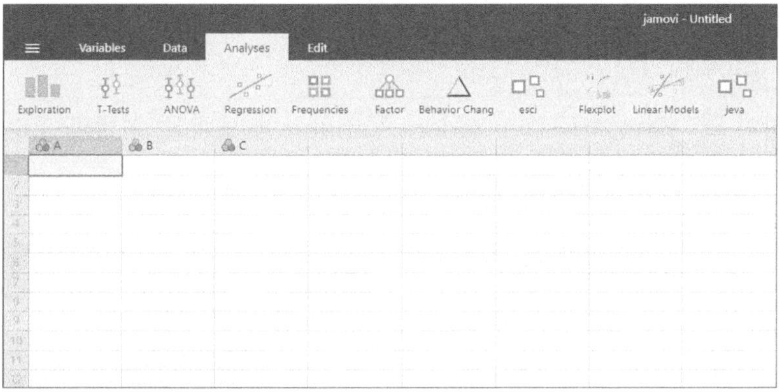

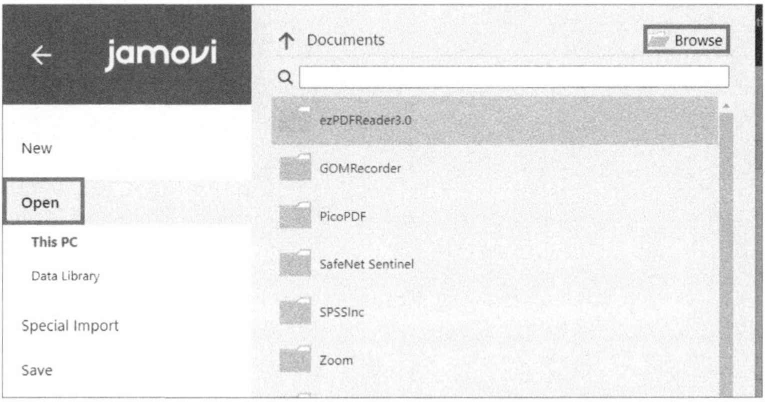

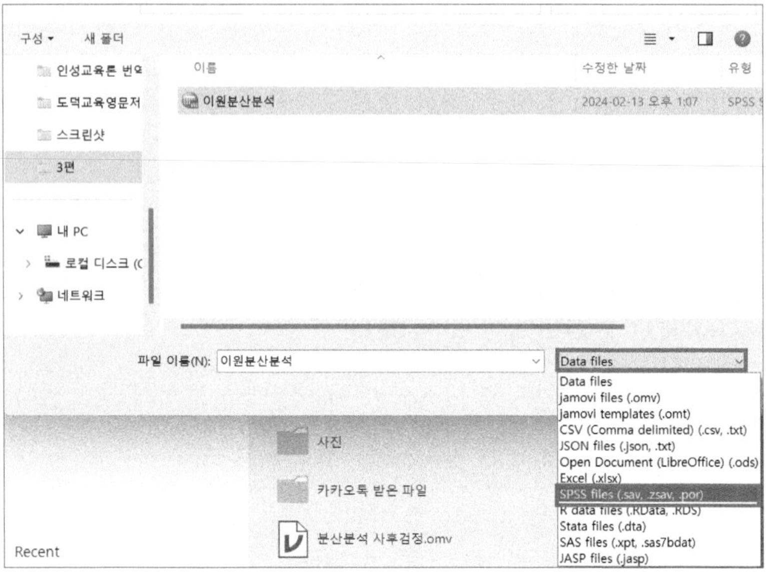

jamovi데이터 파일이 열리면 Analyses → ANOVA를 클릭한 후 대화창이 열리면 성적을 Dependent Variable에 보내고, 성별과 교수법을 Fixed Factors 창에 보낸다.

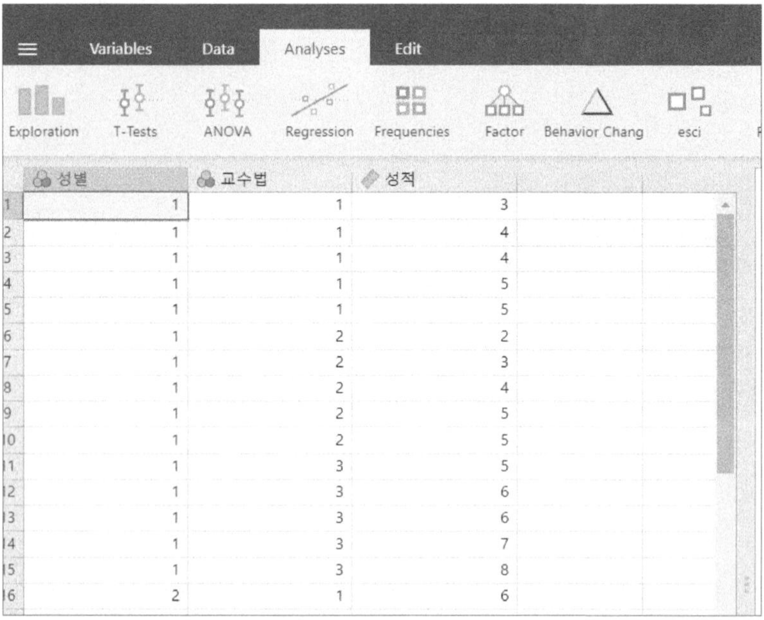

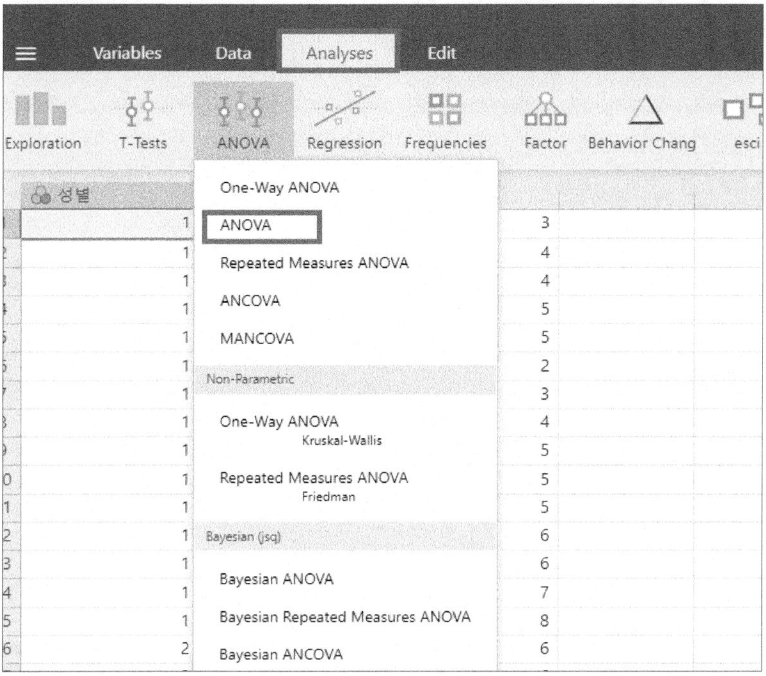
Variables
Data
Analyses
Edit
Exploration
T-Tests
ANOVA
Regression
Frequencies
Factor
Behavior Chang
esci
성별
One-Way ANOVA
ANOVA
Repeated Measures ANOVA
ANCOVA
MANCOVA
Non-Parametric
One-Way ANOVA
Kruskal-Wallis
Repeated Measures ANOVA
Friedman
Bayesian (jsq)
Bayesian ANOVA
Bayesian Repeated Measures ANOVA
Bayesian ANCOVA

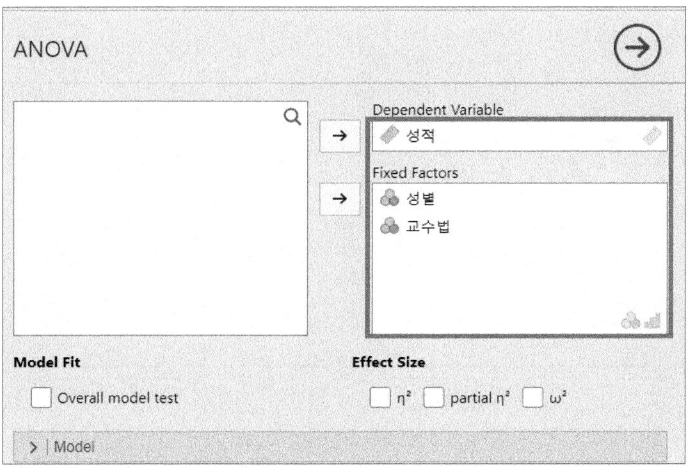
ANOVA
Dependent Variable
성적
Fixed Factors
성별
교수법
Model Fit
Overall model test
Effect Size
η²
partial η²
ω²
Model

분석을 실행하면 결과와 함께 효과크기(effect size)가 나타난다.

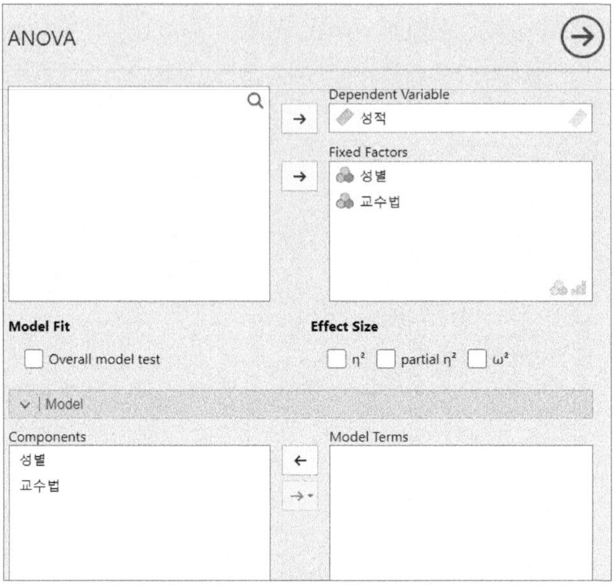

Model Results

ANOVA Omnibus tests

	SS	df	F	p	$\eta^2 p$	ω^2
Model	62.567	5	14.438	< .001	0.750	0.691
성별	0.300	1	0.346	0.562	0.014	−0.007
교수법	12.867	2	7.423	0.003	0.382	0.132
성별 ✻ 교수법	49.400	2	28.500	< .001	0.704	0.566
Residuals	20.800	24				
Total	83.367	29				

상호작용 효과가 유의미하게 나타났는데, 그 양상을 알아보기 위해서 Plots를 클릭한 후 Horizontal axis에 교수법, separate lines에 성별을 지정하면 문제중심학습에서 남학생과 여학생의 성적이 교차하는 상호작용을 보여준다.

Plots
Horizontal axis
교수법
Separate lines
성별
Separate plots
Display
None
Confidence intervals
Plot
Observed scores
Y-axis observed range

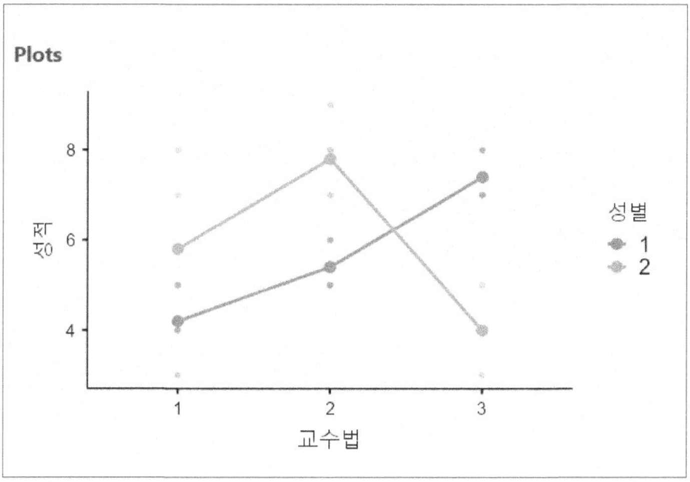
Plots
8
6
4
성적
1
2
3
교수법
성별
1
2

1.7. spss에서 내재설계의 실행 예시

앞서 내재설계의 개념에 대해서 설명했는데, 내재설계에서는 한 독립변수의 서로 다른 수준에서 다른 독립변수가 종속변수에 대해 가지는 효과를 분석할 수 있다. SPSS에서 내재설계를 실행하기 위해서는 명령문 편집기를 사용하는데, 이를 위해서는 SPSS를 실행한 후 파일 → 새파일 → 명령문을 클릭한다. 명령문 창이 열리면 아래와 같이 명령문을 입력하고, 메뉴에서 실행 → 모두를 클릭한다.

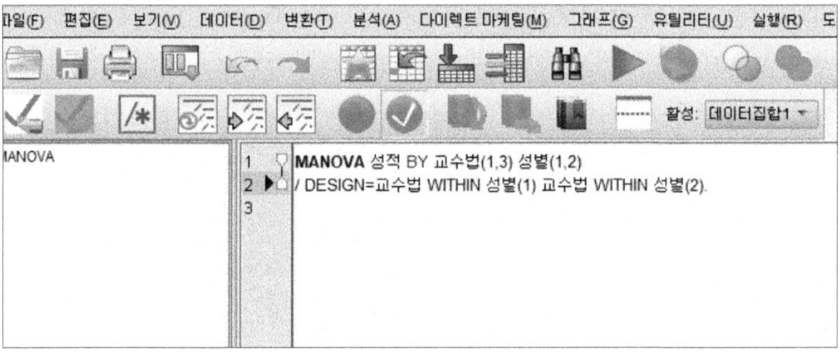

* * * * * * Analysis of Variance -- Design 1 * * * * * *

Tests of Significance for 성적 using UNIQUE sums of squares

Source of Variation	SS	DF	MS	F	Sig of F
WITHIN+RESIDUAL	55.63	25	2.23		
교수법 WITHIN 성별(1)	19.60	2	9.80	4.40	.023
교수법 WITHIN 성별(2)	6.93	2	3.47	1.56	.230
(Model)	26.53	4	6.63	2.98	.038
(Total)	82.17	29	2.83		

R-Squared = .323
Adjusted R-Squared = .215

위와 같은 결과창이 나타나는데, 이를 살펴보면 남학생 집단에서는 교수법에 따라서 성적에 유의미한 차이가 나타나지만(F=4.40, df=2,4, p<.05), 여학생 집단에서는 유의미한 차이가 없었다(F=1.56, df=2,4, p>.05).

1.8. jamovi에서 내재설계 실행하기

jamovi에서는 spss와 달리 명령문을 입력해서 실행하는 기능은 없으므로 의미적인 ANOVA를 통해서 내재설계를 실행한다. 먼저 남학생 집단 내에서 교수법에 따른 성적 차이를 규명하기 위해서 jamovi를 실행한 후 Data → Filters를 실행하고, function에서 성별을 선택한 후 1로 코딩된 남학생 데이터만 활성화한다.

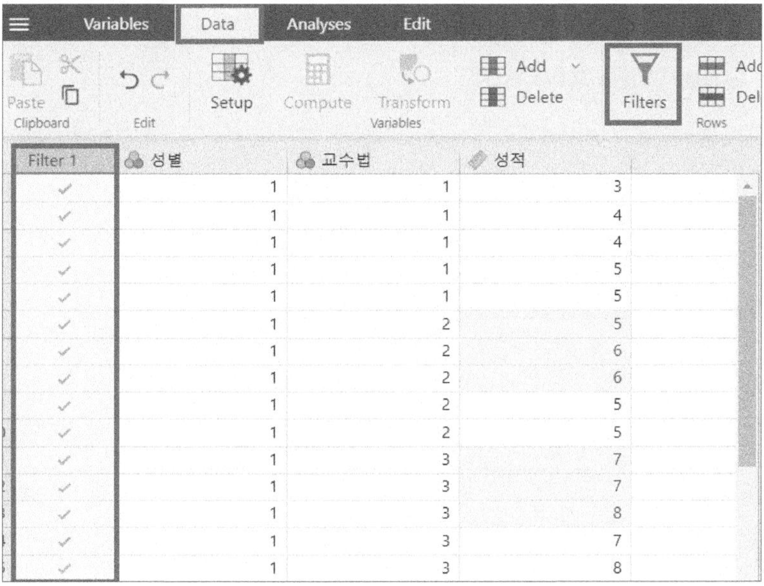

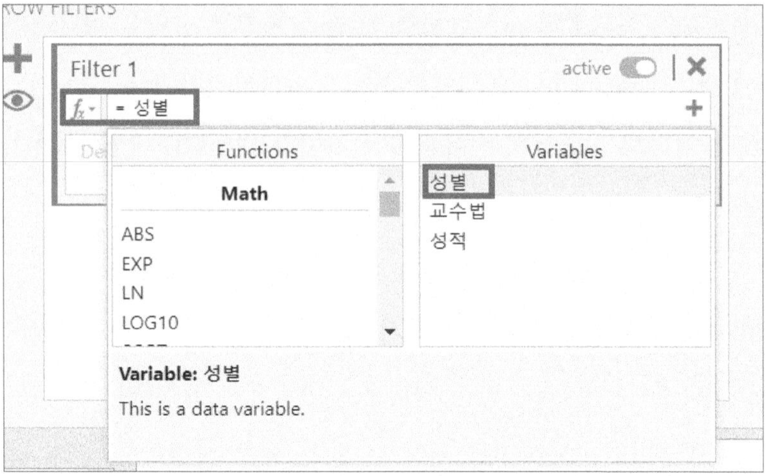

남학생 데이터만이 활성화되면, 일원분산분석을 실행한다. 그 결과를 살펴보면 남학생 집단에서 교수법에 따라 성적에 유의미한 차이가 나타났다.

One-Way ANOVA

One-Way ANOVA

		F	df1	df2	p
성적	Welch's	28.5	2	7.78	< .001
	Fisher's	30.2	2	12	< .001

Group Descriptives

	교수법	N	Mean	SD	SE
성적	강의법	5	4.20	0.837	0.374
	토의법	5	5.40	0.548	0.245
	문제중심	5	7.40	0.548	0.245

2장 이원분산분석의 사후 비교분석

2.1. 교차설계의 사후비교분석

일원분산분석에서 전체효과 검정(overall test)을 수행한 이후 사후비교를 실시한 것과 같이 이원분산분석의 교차설계에서도 사후비교분석을 실시한다. 기본적으로는 일원분산분석 사후비교검정에 사용되는 표준오차가 이원분산분석에도 사용된다.

2.2. spss에서 교차설계 이원분산분석의 사후비교 분석 실행

앞서 제시한 데이터를 사용하여 사후비교분석을 실행한다. 먼저 spss에서 이원분산분석 데이터를 불러온다. 파일 → 열기 → 데이터 → 이원분산분석 데이터를 불러온다.

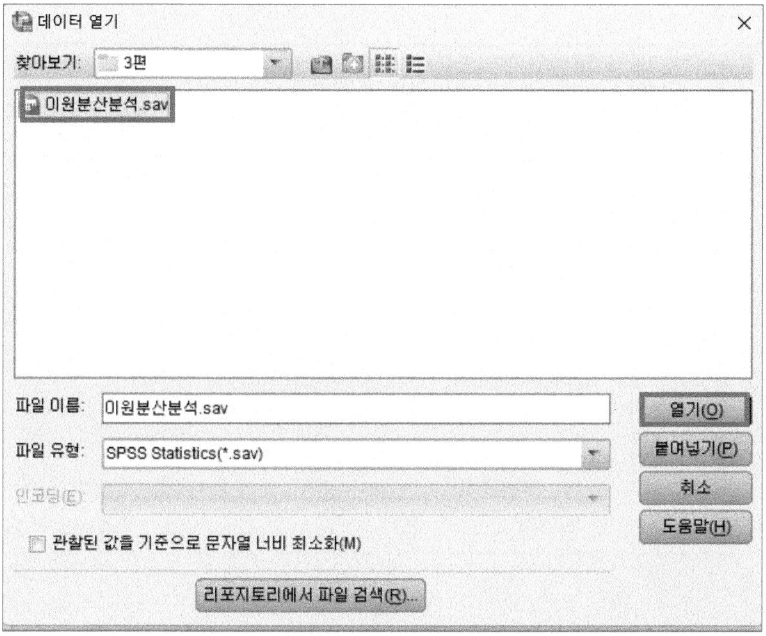

분석 → 일반선형모형 → 일변량을 클릭하고, 이어서 대화창이 나타나면 종속변수에는 성적, 모수요인에는 성별과 교수법을 보낸다. 성별과 교수법은 주효과로 설정하고 성별*교수법의 상호작용효과를 설정한다.

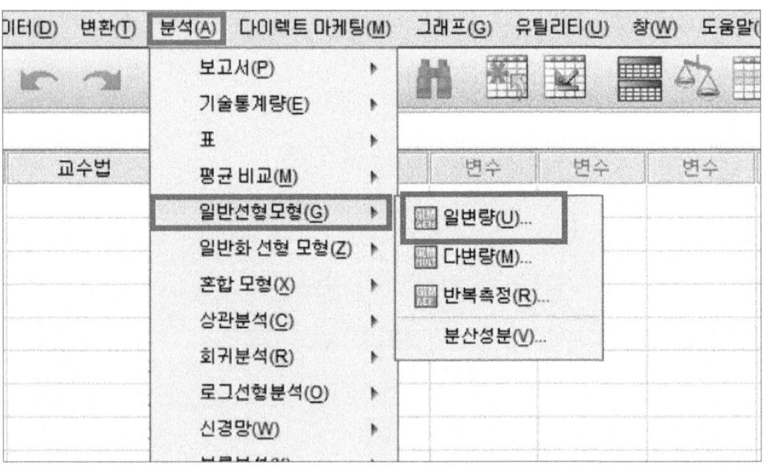

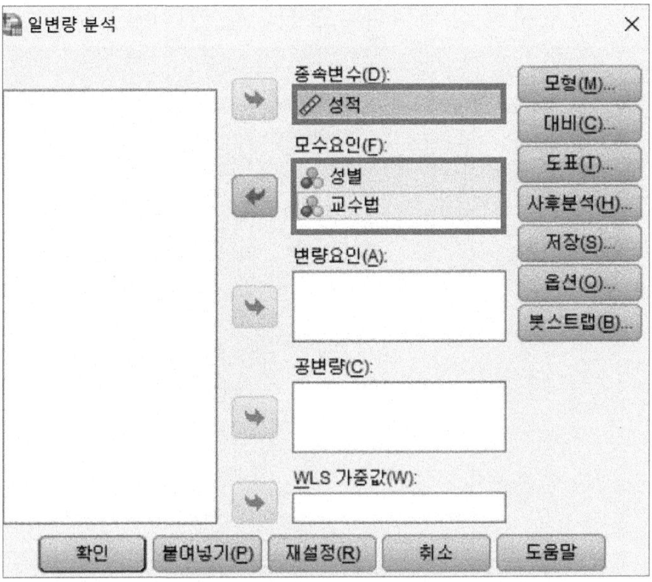

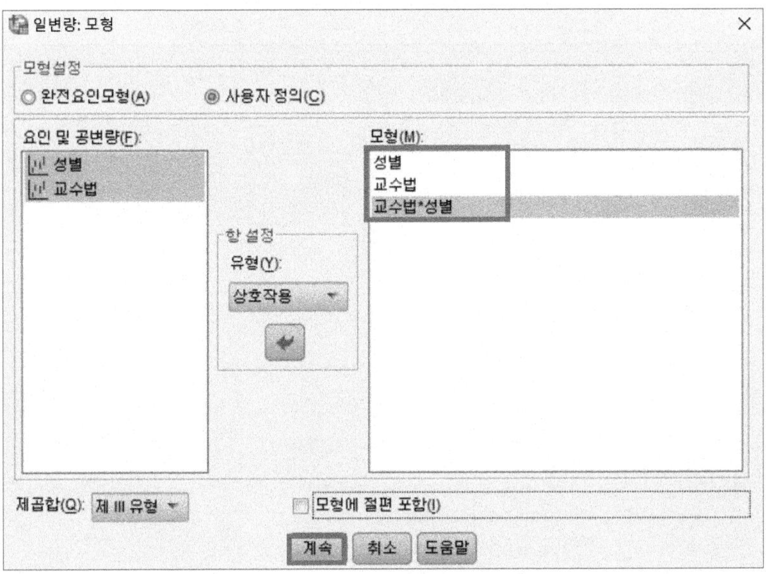

교차설계 효과의 사후검정을 위해서 일변량: 관측평균의 사후분석 다중비교 대화창을 열고, 성별과 교수법을 사후검정변수로 보낸다. 사후검정방법 선택창에서는 일종 오차 통제에 가장 보수적인 Scheffe방

법을 선택한 후 일변량분석 창이 나타나면 확인을 클릭한다.

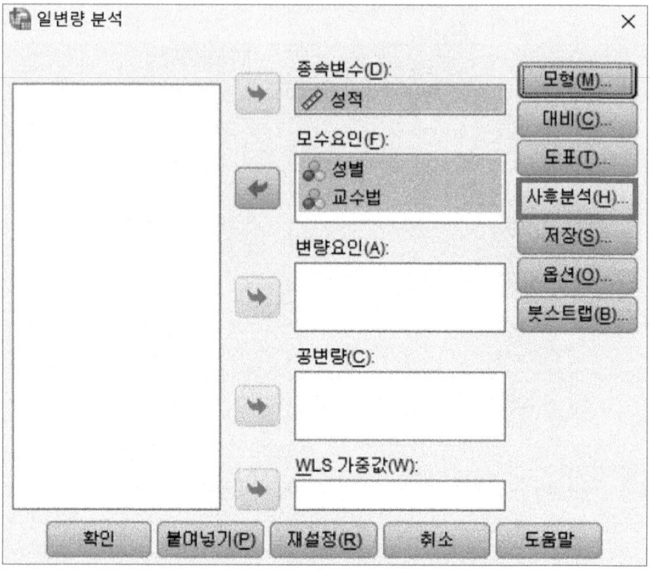

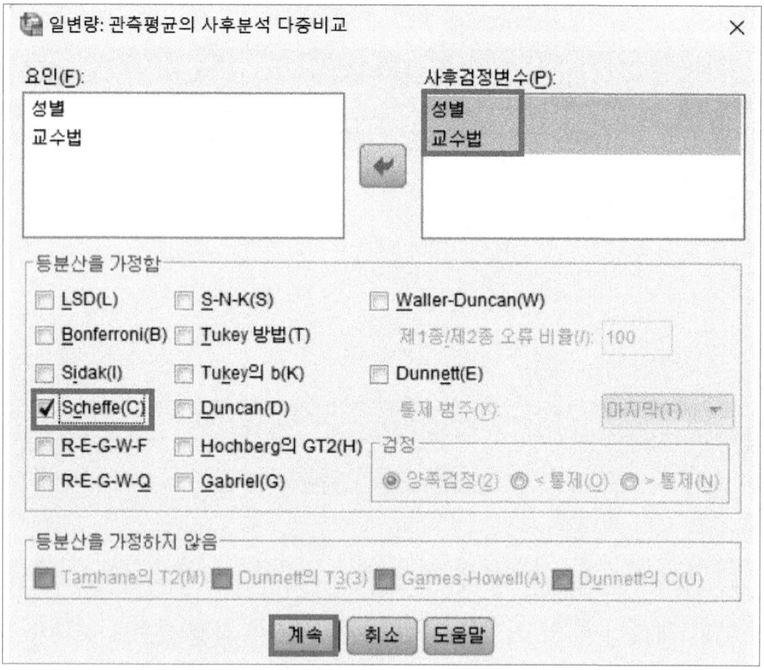

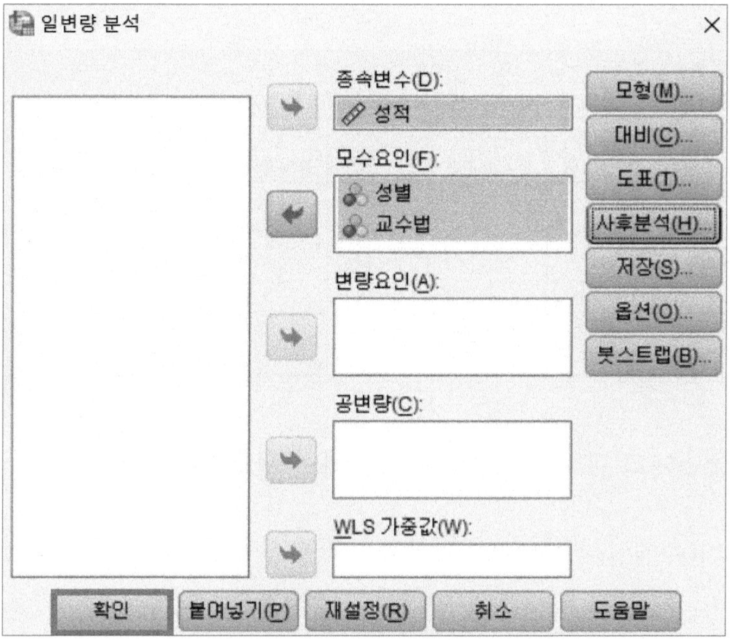

결과를 살펴보면 성별에 의한 주효과와 상호작용 효과가 유의미하게 나타났고, 교수법에 의한 주효과를 유의미하지 않았다. 성별은 두 개 집단이기 때문에 사후검정이 필요 없고, 교수법에 의한 주효과가 유의미하지 않았기 때문에 사후검정에서도 유의미한 대비가 나타나지 않았다.

개체-간 효과 검정

종속 변수: 성적

소스	제 III 유형 제곱합	자유도	평균 제곱	F	유의확률
모형	1079.400[a]	6	179.900	182.949	.000
성별	32.033	1	32.033	32.576	.000
교수법	4.067	2	2.033	2.068	.148
성별 * 교수법	22.467	2	11.233	11.424	.000
오차	23.600	24	.983		
합계	1103.000	30			

a. R 제곱 = .979 (수정된 R 제곱 = .973)

다중 비교

종속 변수: 성적
Scheffe

(I) 교수법	(J) 교수법	평균차(I-J)	표준오차	유의확률	95% 신뢰구간	
					하한값	상한값
강의법	토의법	-.40	.443	.670	-1.56	.76
	문제중심	-.90	.443	.149	-2.06	.26
토의법	강의법	.40	.443	.670	-.76	1.56
	문제중심	-.50	.443	.538	-1.66	.66
문제중심	강의법	.90	.443	.149	-.26	2.06
	토의법	.50	.443	.538	-.66	1.66

2.3. jamovi에서 교차설계 이원분산분석의 사후비교 분석 실행

jamovi에서 교차설계의 이원분산분석 사후비교를 실행하기 위해서 먼저 jamovi를 실행하고, 데이터를 불러온다. Open → Browse를 클릭하고, 데이터 파일형식을 SPSS file로 지정하여, 이원분산분석 파일을 불러온다.

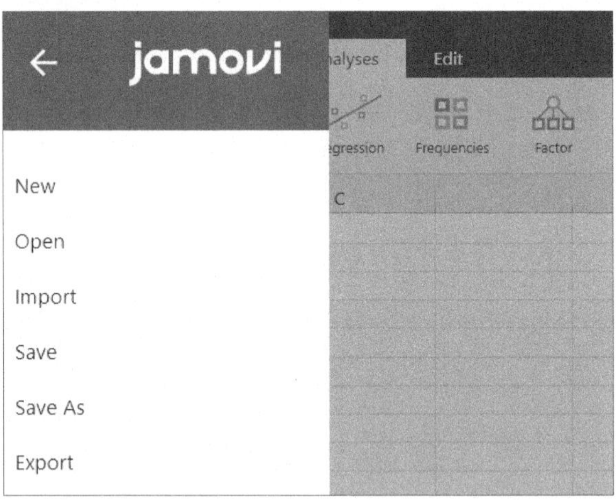

데이터 파일이 열리면 Analysis → Linear Models를 선택한다. General Linear Model 대화창이 열리면 Dependent Variable에 성

적, Factors에 성별과 교수법을 보낸다. Effect size에는 다양한 지수를 선택한다.

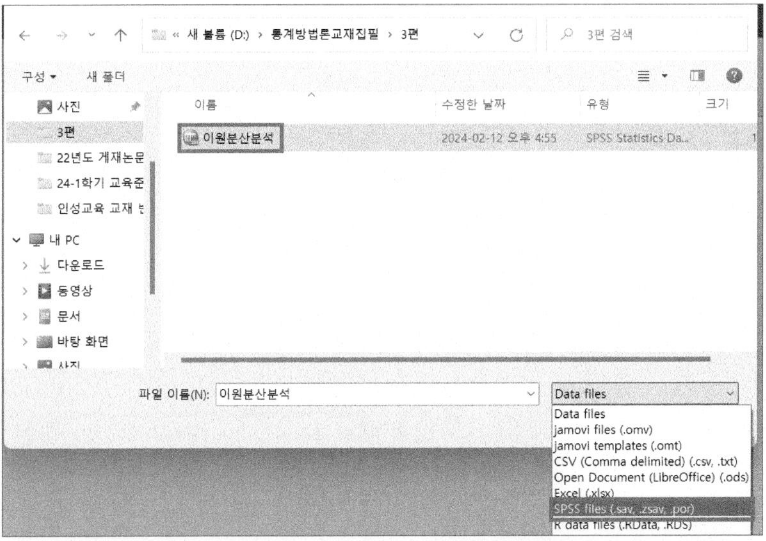

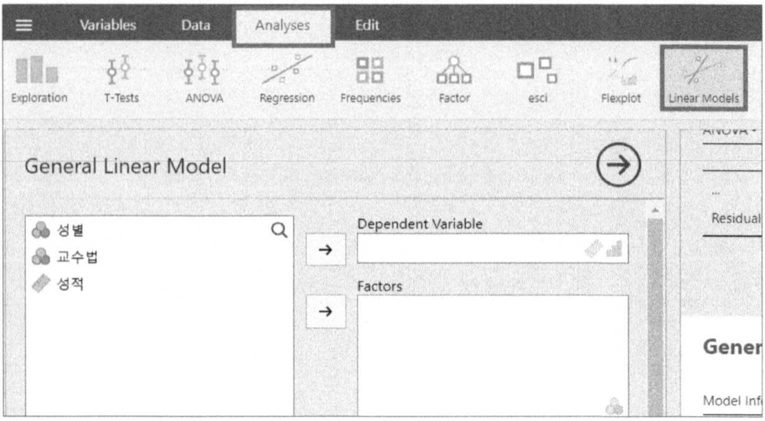

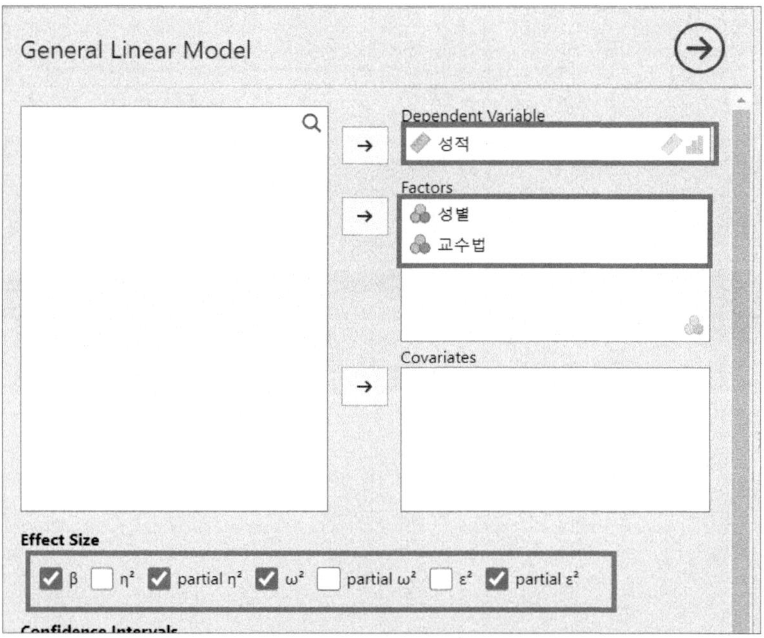

이어서 Post Hoc Tests를 클릭하고, 성별, 교수법 등을 검정변수창으로 보낸다. 사후검정 방법은 Bonferroni와 Tukey 등을 선택한다.

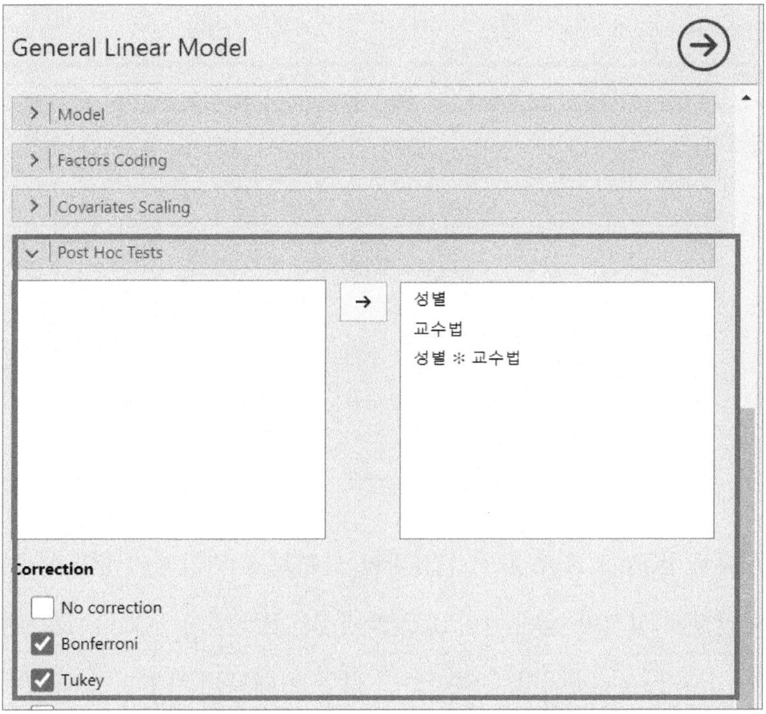

Model Results

ANOVA Omnibus tests

	SS	df	F	p	η^2p	ω^2	ε^2p
Model	58.57	5	11.91	< .001	0.713	0.645	0.653
성별	32.03	1	32.58	< .001	0.576	0.373	0.558
교수법	4.07	2	2.07	0.148	0.147	0.025	0.076
성별 ✻ 교수법	22.47	2	11.42	< .001	0.488	0.247	0.445
Residuals	23.60	24					
Total	82.17	29					

먼저 전체검정(ANOVA Omnibus tests) 결과는 성별에 의한 효과(F=32.58, df=1, 24, p<.001)와 상호작용 효과(F=11.42, df=2,24, p<.001)가 유의미하고, 교수법에 의한 효과(F=2.07, df=2,24, p>.05)는 유의미하지 않게 나타났다.

Post Hoc Tests

Post Hoc Comparisons - 성별

Comparison								
성별		성별	Difference	SE	t	df	$p_{bonferroni}$	p_{tukey}
1	-	2	-2.07	0.362	-5.71	24.0	< .001	< .001

Post Hoc Comparisons - 교수법

Comparison								
교수법		교수법	Difference	SE	t	df	$p_{bonferroni}$	p_{tukey}
1	-	2	-0.400	0.443	-0.902	24.0	1.000	0.644
1	-	3	-0.900	0.443	-2.029	24.0	0.161	0.127
2	-	3	-0.500	0.443	-1.127	24.0	0.812	0.507

사후검정(Post Hoc Tests) 결과를 살펴보면 여학생이 남학생 보다 유의미하게 성적이 높게 나타났고(t=-5.71, df=24, p〈.001), 교수법간에는 omnibus test에서 유의미하지 않았기 때문에 사후검정에서도 유의미한 비교가 나타나지 않았다.

2.4 SPSS에서 내재설계 이원분산분석의 사후비교 분석 실행

내재설계의 이원분산분석 사후검정을 위해서는 spss 데이터 파일을 연다. 의미적인 내재설계 분석을 위해 데이터를 불러온 후 남학생 집단만 대상으로 교수법에 의한 차이를 규명하기 위한 일원분산분석을 실행한다. 이를 위해 파일 → 열기 → 데이터를 실행한 후 데이터 → 케이스 선택을 누른다. 대화창이 나타나면 '조건을 만족하는 케이스'를 클릭한다.

이원분산분석.sav [데이터집합1] - IBM SPSS Statistics Data Editor
파일(F) 편집(E) 보기(V) 데이터(D) 변환(T) 분석(A) 다이렉트 마케팅(M)
새 파일(N)
열기(O)
데이터베이스 열기(B)
텍스트 데이터 읽기(D)...
Cognos 데이터 읽기...
닫기(C) Ctrl+F4
저장(S) Ctrl+S
다른 이름으로 저장(A)...
모든 데이터 저장(L)
데이터(A)
명령문(S)...
출력결과(O)...
스크립트(C)...

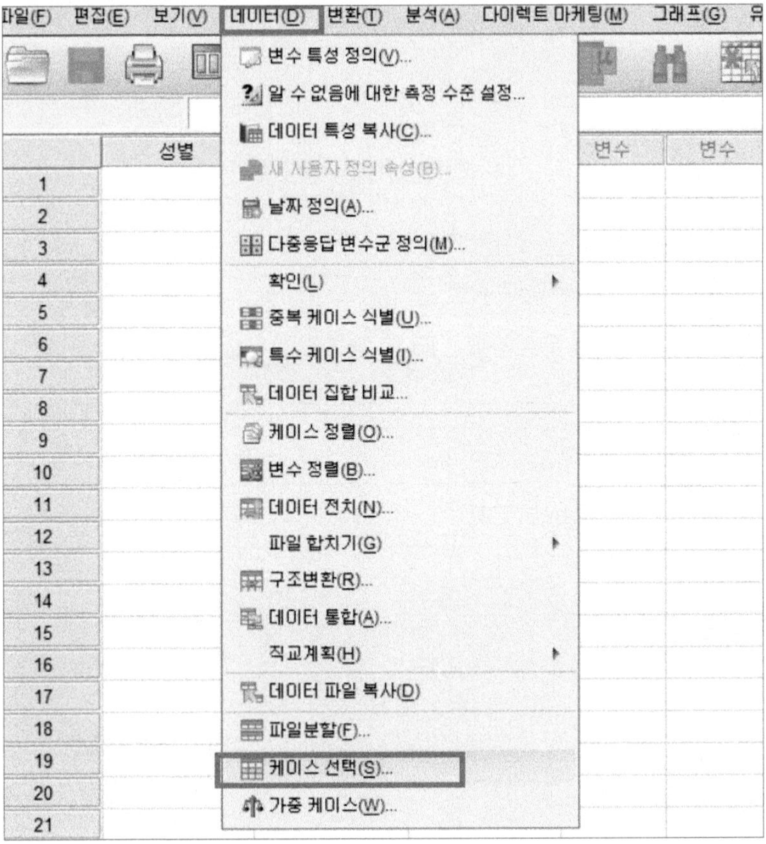
파일(F) 편집(E) 보기(V) 데이터(D) 변환(T) 분석(A) 다이렉트 마케팅(M) 그래프(G)
성별
변수 특성 정의(V)...
알 수 없음에 대한 측정 수준 설정...
데이터 특성 복사(C)...
새 사용자 정의 속성(B)...
날짜 정의(A)...
다중응답 변수군 정의(M)...
확인(L)
중복 케이스 식별(U)...
특수 케이스 식별(I)...
데이터 집합 비교...
케이스 정렬(O)...
변수 정렬(B)...
데이터 전치(N)...
파일 합치기(G)
구조변환(R)...
데이터 통합(A)...
직교계획(H)
데이터 파일 복사(D)
파일분할(F)...
케이스 선택(S)...
가중 케이스(W)...

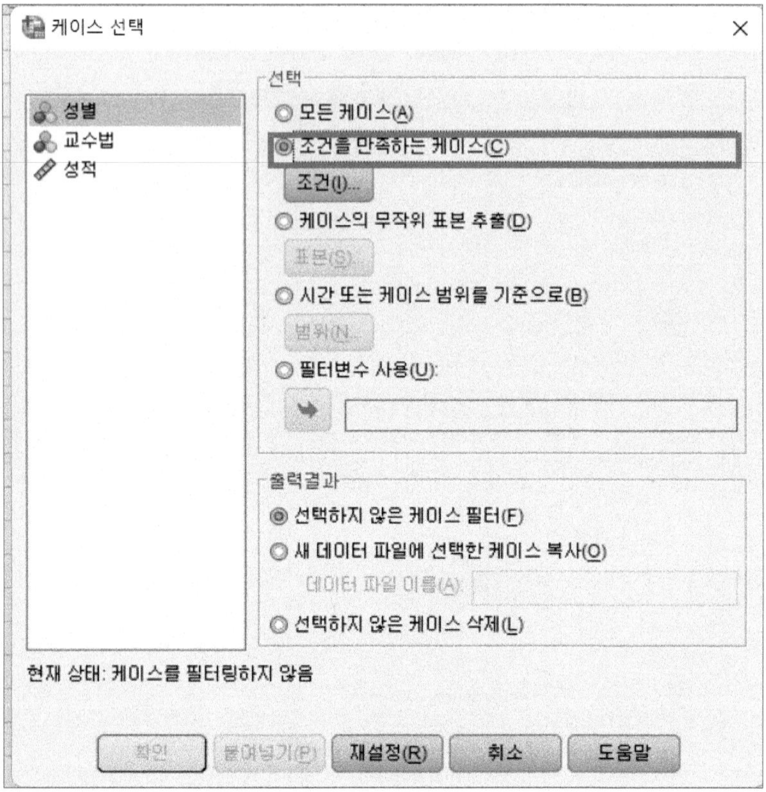
케이스 선택
성별
교수법
성적
선택
모든 케이스(A)
조건을 만족하는 케이스(C)
조건(I)...
케이스의 무작위 표본 추출(D)
표본(S)...
시간 또는 케이스 범위를 기준으로(B)
범위(N)...
필터변수 사용(U):
출력결과
선택하지 않은 케이스 필터(F)
새 데이터 파일에 선택한 케이스 복사(O)
데이터 파일 이름(A):
선택하지 않은 케이스 삭제(L)
현재 상태: 케이스를 필터링하지 않음
확인
붙여넣기(P)
재설정(R)
취소
도움말

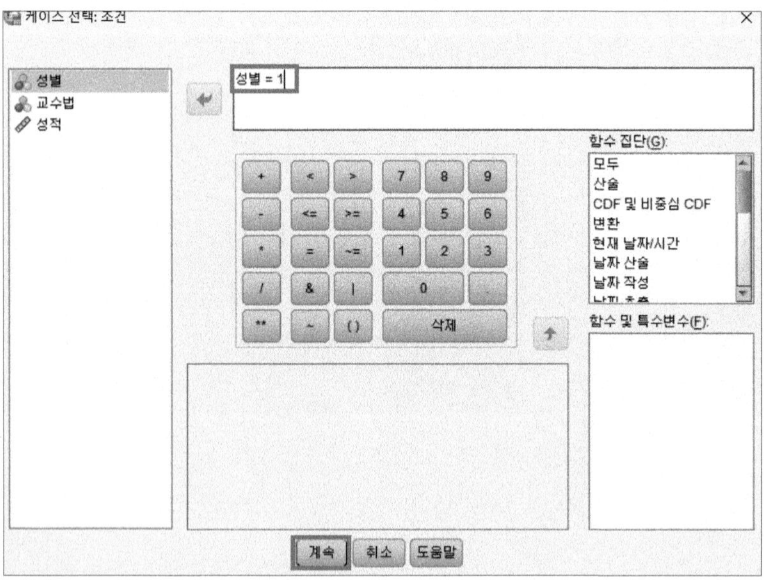
케이스 선택: 조건
성별
교수법
성적
성별 = 1
함수 집단(G):
모두
산술
CDF 및 비중심 CDF
변환
현재 날짜/시간
날짜 산술
날짜 작성
함수 및 특수변수(F):
삭제
계속
취소
도움말

'케이스 선택: 조건'창이 열리면 성별을 대화창으로 보낸 후 '성별=1'을 입력한 후 계속을 클릭한다. 이후 케이스 선택 대화창이 다시 나타나면 확인을 클릭한다. 그러면 남학생 데이터만 활성화되고, 여학생 데이터는 비활성화된 것을 확인할 수 있다.

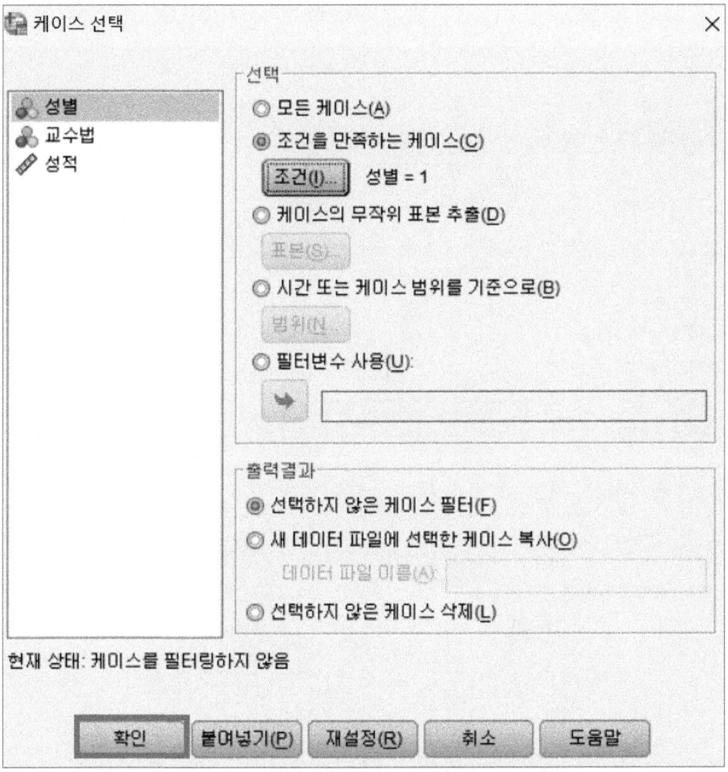

	성별	교수법	성적	filter_$
4	1	1	5	1
5	1	1	5	1
6	1	2	2	1
7	1	2	3	1
8	1	2	4	1
9	1	2	5	1
10	1	2	5	1
11	1	3	5	1
12	1	3	6	1
13	1	3	6	1

이어서 남학생 집단만을 대상으로 교수법에 따른 성적 차이에 관한 일원분산분석을 실시한다.

이를 위해 분석 → 평균비교 → 일원배치 분산분석을 누르고, 대화창이 나타나면 종속변수에는 성적을, 요인에는 교수법을 지정한다. 사후분석을 클릭한 후 Scheffe와 Tukey방법을 선택한 후 계속을 클릭한다.

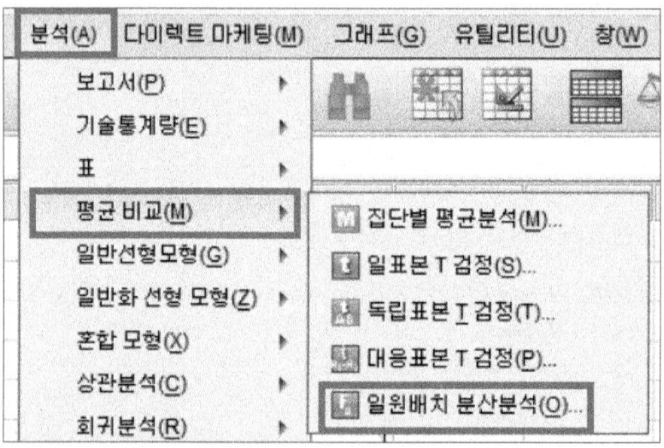

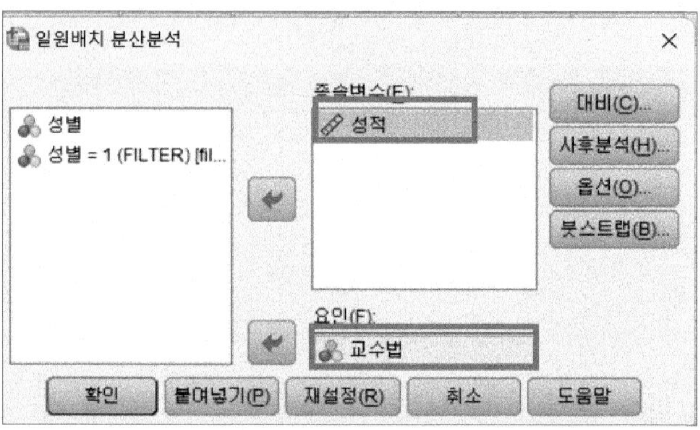

결과를 살펴보면 남학생 집단에서는 교수법에 따라 성적에 유의미한 차이가 나타났고(F=7.94, df=2,14, p〈.01), 사후검정결과 강의법과 문제중심 사이에 유의미한 차이가 있었고, 토의법과 문제중심 사이에도 유의미한 차이가 나타났다. 여학생을 대상으로 한 내재설계 이원분

산분석도 동일한 절차로 진행하면 된다.

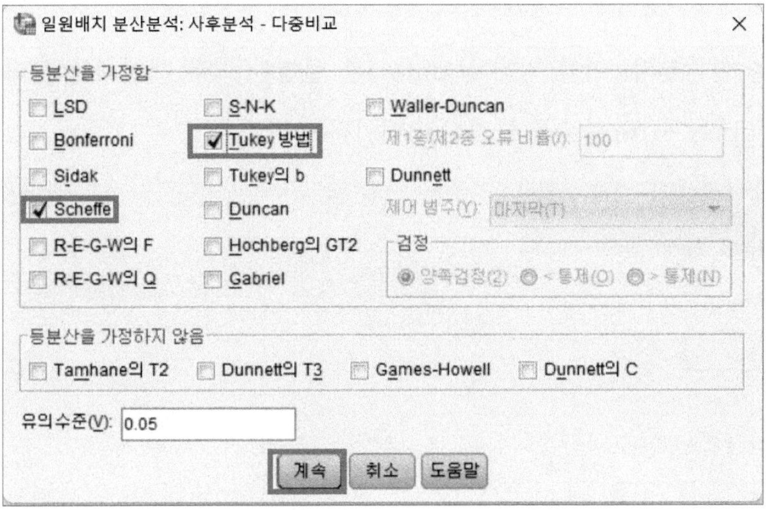

일원배치 분산분석

성적

	제곱합	df	평균 제곱	F	유의확률
집단-간	19.600	2	9.800	7.946	.006
집단-내	14.800	12	1.233		
합계	34.400	14			

사후검정

다중 비교

종속 변수: 성적

	(I) 교수법	(J) 교수법	평균차(I-J)	표준오차	유의확률	95% 신뢰구간 하한값	95% 신뢰구간 상한값
Tukey HSD	강의법	토의법	.400	.702	.839	-1.47	2.27
		문제중심	-2.200*	.702	.022	-4.07	-.33
	토의법	강의법	-.400	.702	.839	-2.27	1.47
		문제중심	-2.600*	.702	.008	-4.47	-.73
	문제중심	강의법	2.200*	.702	.022	.33	4.07
		토의법	2.600*	.702	.008	.73	4.47
Scheffe	강의법	토의법	.400	.702	.852	-1.56	2.36
		문제중심	-2.200*	.702	.028	-4.16	-.24
	토의법	강의법	-.400	.702	.852	-2.36	1.56
		문제중심	-2.600*	.702	.010	-4.56	-.64
	문제중심	강의법	2.200*	.702	.028	.24	4.16
		토의법	2.600*	.702	.010	.64	4.56

* 평균차는 0.05 수준에서 유의합니다.

2.5. jamovi에서 내재설계 이원분산분석의 사후비교 분석 실행

이제 jamovi를 이용하여 내재설계의 이원분산분석의 사후비교 분석을 살펴본다. 이를 위해서 jamovi를 실행한 이후 데이터를 불러온다. open → browse를 클릭하고 데이터를 불러온다.

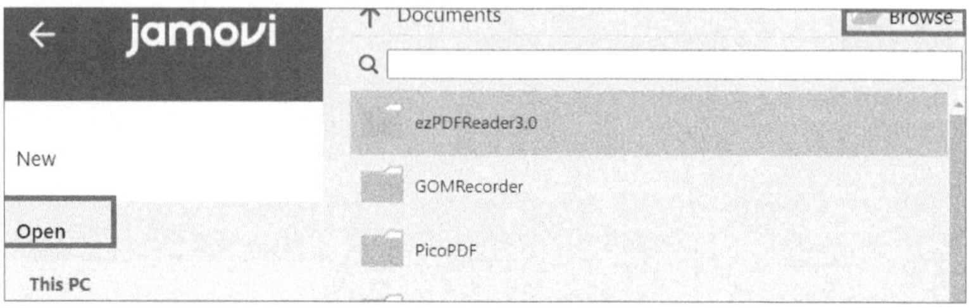

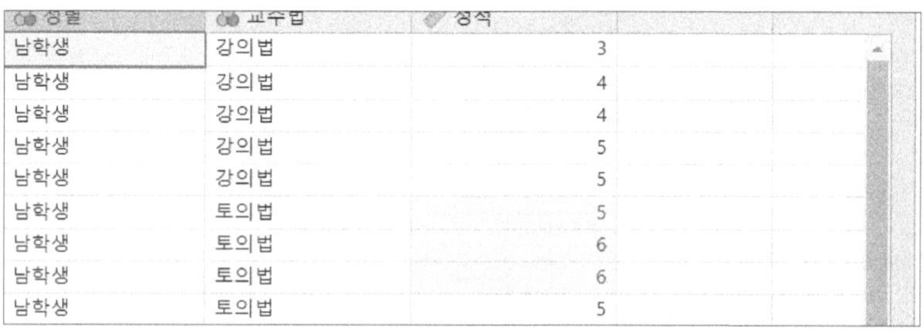

데이터가 열리면 filter 기능을 사용하여 남학생 데이터만 활성화하고, 여학생 데이터를 비활성화 시킨다. 이를 위해 Data → Filter를 클릭하고, 함수에 'fx= 성별 ==1'이라고 입력하여 남학생만 선택한다.

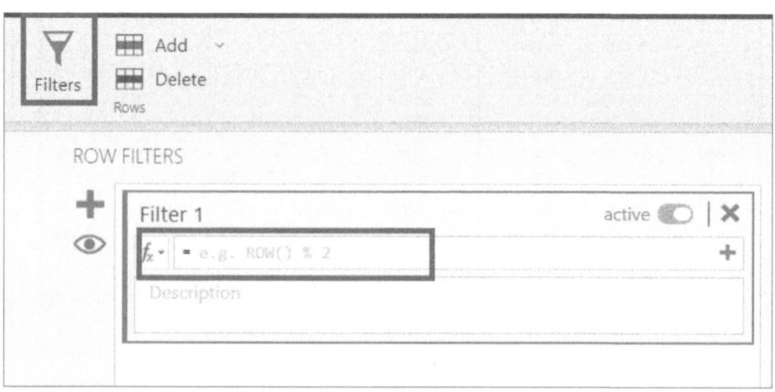

Filter 1	성별	교수법	성적
✓	남학생	강의법	3
✓	남학생	강의법	4
✓	남학생	강의법	4
✓	남학생	강의법	5
✓	남학생	강의법	5
✓	남학생	토의법	5
✓	남학생	토의법	6
✓	남학생	토의법	6
✓	남학생	토의법	5
✓	남학생	토의법	5
✓	남학생	문제중심	7
✓	남학생	문제중심	7
✓	남학생	문제중심	8
✓	남학생	문제중심	7
✓	남학생	문제중심	8
✕	[illegible]	[illegible]	[illegible]
✕	여학생	강의법	5
✕	여학생	강의법	4

이어서 남학생 데이터를 대상으로 이원분산분석을 실행한다. 이를 위해 Analyses → Linear Models → General Linear Model을 클릭한다. 이어서 Dependent Variable에 성적, Factors에 교수법을 지정하고, Effect Size에는 다양한 지표를 선택한다.

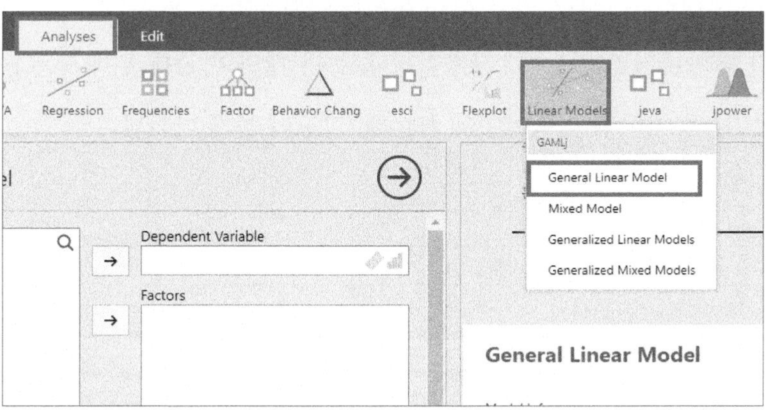

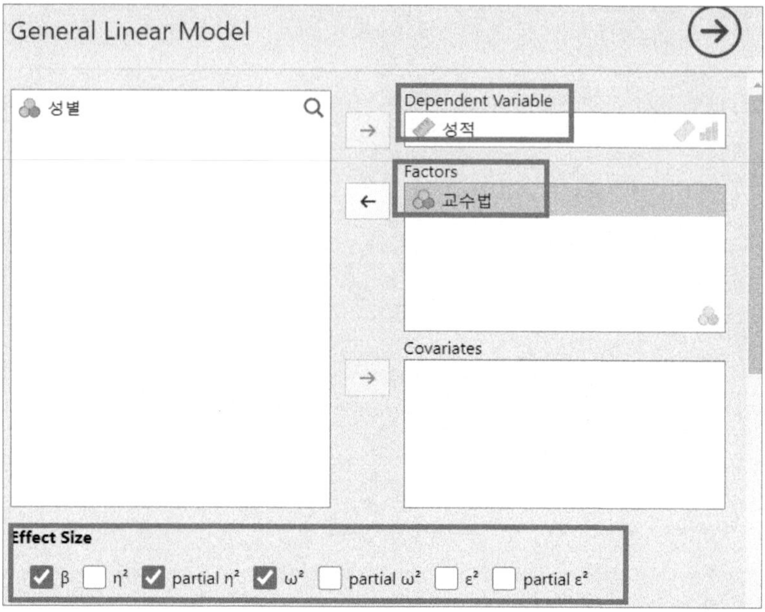

그 결과 남학생 집단 내에서 교수법에 따른 성적에 유의미한 차이가 있었다(F=30.2, p<.001). 또한 Post Hoc Tests 결과를 살펴보면 강의법과 문제중심학습 간에 유의미한 성적 차이가 나타났고(t=-7.69, p<.001), 토의법과 문제중심학습 간에도 유의미한 성적 차이가 나타났다(t=-4.80, p<.001). 다만 강의법과 토의법 간에는 유의미한 성적 차이가 나타나지 않았는데, 사후검정에서 세 개의 비교를 위해서는 p값이 0.015(0.05/3) 미만이어야 하는데, 그보다 높게 나타났다.

ANOVA Omnibus tests

	SS	df	F	p	$\eta^2 p$	ω^2
Model	26.13	2	30.2	< .001	0.834	0.795
교수법	26.13	2	30.2	< .001	0.834	0.795
Residuals	5.20	12				
Total	31.33	14				

Post Hoc Tests

Post Hoc Comparisons - 교수법

Comparison								
교수법		교수법	Difference	SE	t	df	$p_{bonferroni}$	p_{tukey}
강의법	-	문제중심	−3.20	0.416	−7.69	12.0	< .001	< .001
강의법	-	토의법	−1.20	0.416	−2.88	12.0	0.041	0.034
토의법	-	문제중심	−2.00	0.416	−4.80	12.0	0.001	0.001

다음은 여학생을 대상으로 교수법에 따른 차이가 있는지 사후검정을 하기 위해서 Filter기능을 활용하여 여학생 데이터만을 활성화시킨다. Data → Filters를 클릭하고, 'fx=성별==2'를 입력한다.

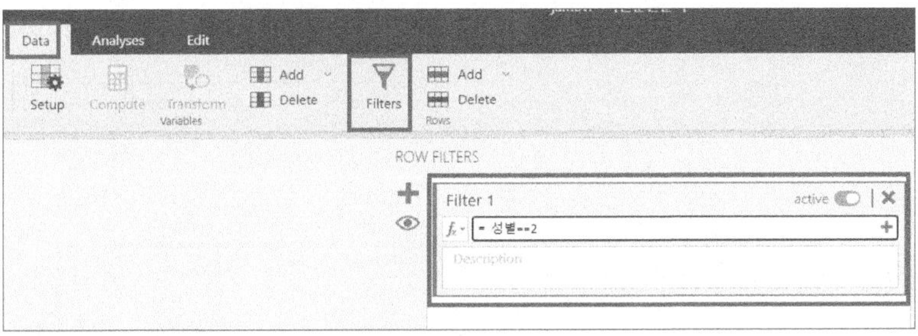

Filter 1	성별	교수법	성적
×	남학생	문제중심	8
×	남학생	문제중심	7
×	남학생	문제중심	8
✓	여학생	강의법	5
✓	여학생	강의법	5
✓	여학생	강의법	4
✓	여학생	강의법	7
✓	여학생	강의법	8
✓	여학생	토의법	7
✓	여학생	토의법	8
✓	여학생	토의법	7
✓	여학생	토의법	9
✓	여학생	토의법	8
✓	여학생	문제중심	4
✓	여학생	문제중심	4
✓	여학생	문제중심	5
✓	여학생	문제중심	4
✓	여학생	문제중심	3

여학생 데이터만 활성화시킨 후 Analyses → Linear Models → General Linear Model을 클릭한다. Dependent Variable에 성적을, Factors에 교수법을 지정한다. 내재설계 이원분산분석을 사후검정을 위해 Post Hoc Tests를 클릭하고, 교수법을 검정변수에 보낸 후 사후검정 방법으로 Bonferroni와 Tukey를 지정한다.

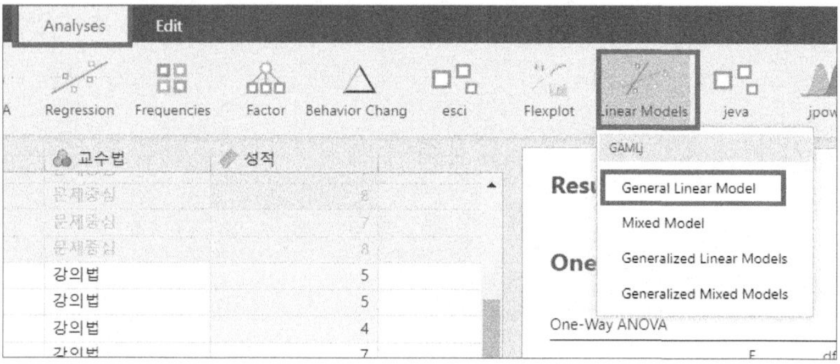

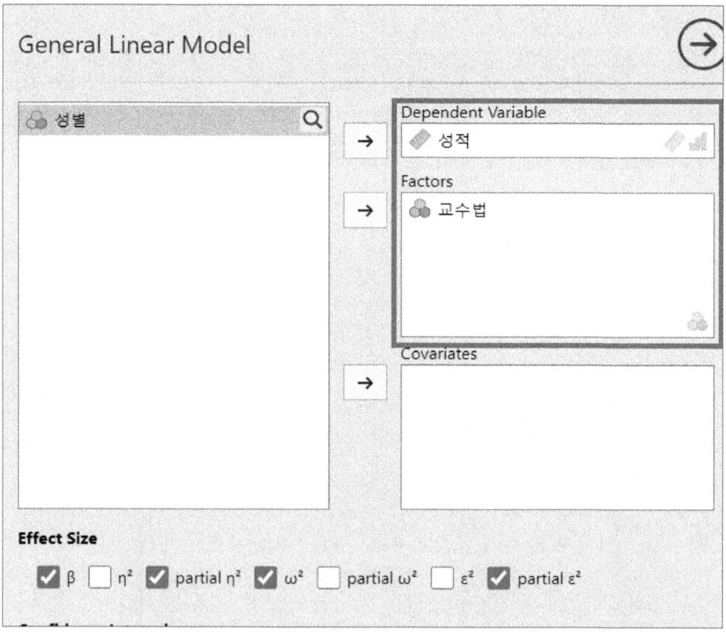

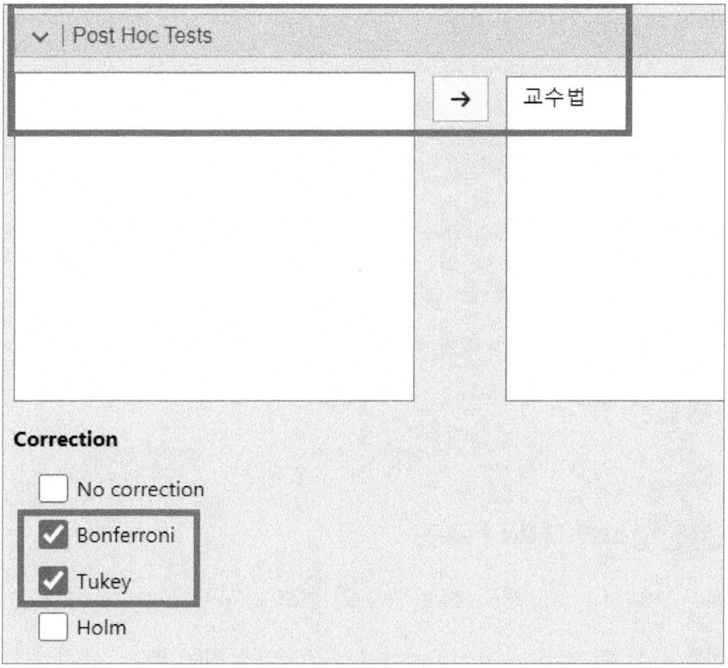

이어서 사후검정 결과를 살펴보면 세 개의 교수법 간 성적 차이 검정 중 토의법과 문제중심학습 사이에만 유의미한 차이가 있는 것으로 나타났다.

Post Hoc Tests

Post Hoc Comparisons - 교수법

Comparison								
교수법		교수법	Difference	SE	t	df	$p_{bonferroni}$	p_{tukey}
강의법	-	문제중심	1.80	0.721	2.50	12.0	0.084	0.067
강의법	-	토의법	−2.00	0.721	−2.77	12.0	0.051	0.041
토의법	-	문제중심	3.80	0.721	5.27	12.0	< .001	< .001

3장 삼원분산분석

이번 장에서는 한 개 종속변수에 세 개의 독립변수가 미치는 효과를 분석하는 삼원분산기법을 spss와 jamovi에서 실행하는 방법을 소개하고자 한다. 예를 들어, 삼원분산분석에서는 A, B, C라고 하는 세 개 독립변인의 주효과와 AB, BC, AC, 그리고 ABC 등 변수의 상호작용 효과를 규명할 수 있다.

3.1. 삼원분산분석의 데이터 구조

삼원분산분석은 세 개의 독립변수의 효과를 규명하는 것이므로 보통 아래와 같은 구조를 가진다. 예를 들어 학업성취에 주는 성별, 지역, 교수법의 영향을 삼원분산분석을 통해서 규명한다면 다음과 같이 데이터 구조를 상정할 수 있다.

구분	수도권			비수도권		
	개별화	강의법	문제중심	개별화	강의법	문제중심
남	5	4	3	4	3	3
	6	5	4	5	4	2
	4	6	5	6	2	3
	4	5	4	7	3	3
	5	4	4	6	4	4
	6	4	3	4	3	3
여	7	5	5	6	4	4
	8	6	6	7	5	5
	9	7	5	8	4	4
	8	5	4	6	5	5
	8	6	5	7	6	6
	7	7	6	6	5	4

3.2. spss에서 삼원분산분석의 교차설계 실행

교차설계는 이원분산분석에서 실행한 바와 같이 세 가지 독립변수의 영향을 각각 규명할 수 있다. 이를 위해 먼저 spss에서 엑셀에 입력된 데이터를 불러온다. 파일 → 열기 → 데이터를 클릭하고, 파일유형에서 엑셀형식을 지정하여 원하는 데이터를 클릭한다.

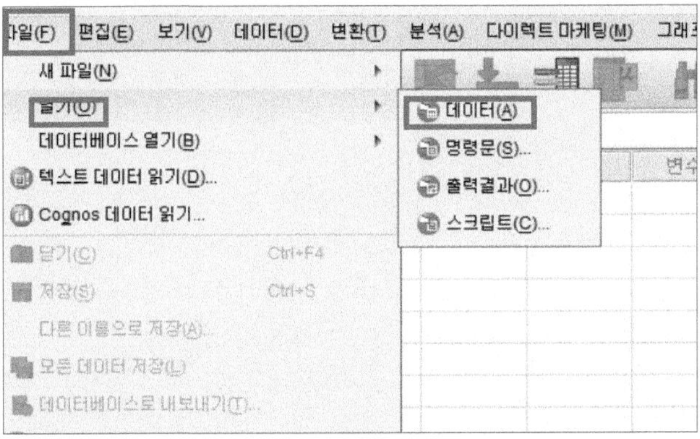

데이터가 열리면 변수보기 탭을 클릭하여 각 변수의 측도를 지정한다. 성별, 지역, 교수방법은 명목변수로, 성적은 척도변수로 지정한다. 이어서 분석 → 일반선형모형 → 일변량을 클릭한다.

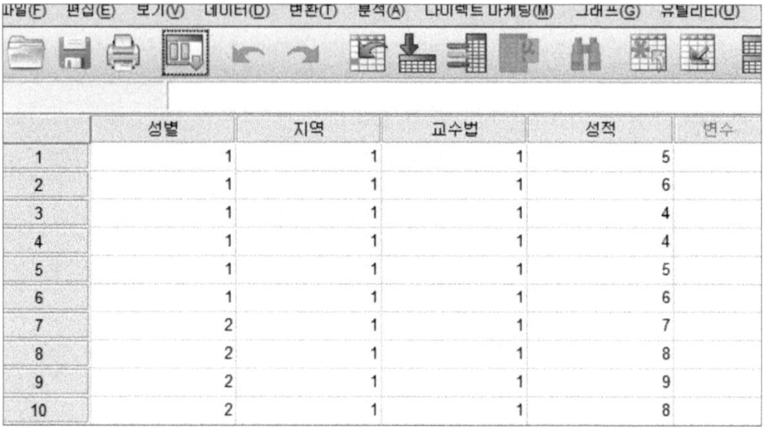

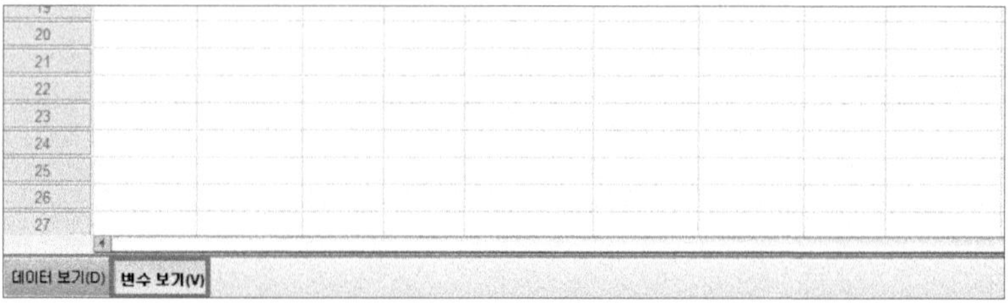

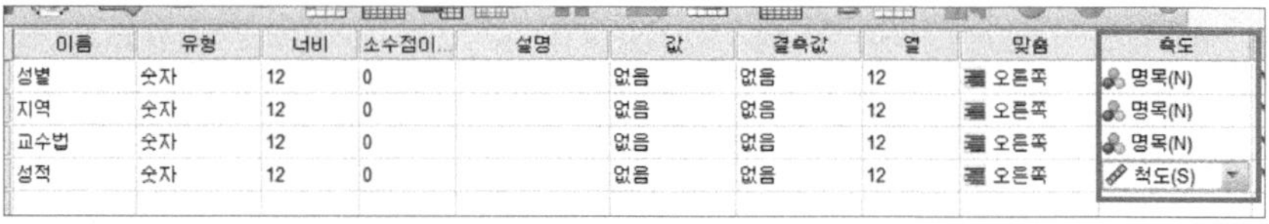

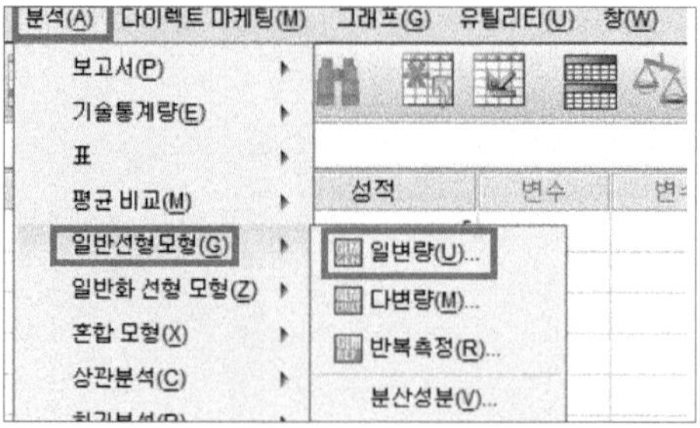

대화창이 열리면 종속변수에는 성적을, 모수요인에는 성별, 지역, 교수법을 보낸다. 이어서 모형은 디폴트값인 완전요인모형으로 하고, 사후분석을 클릭한다.

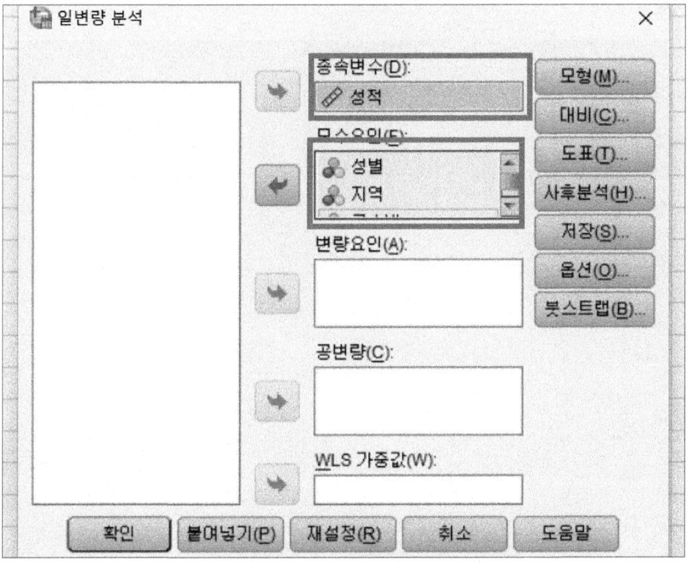

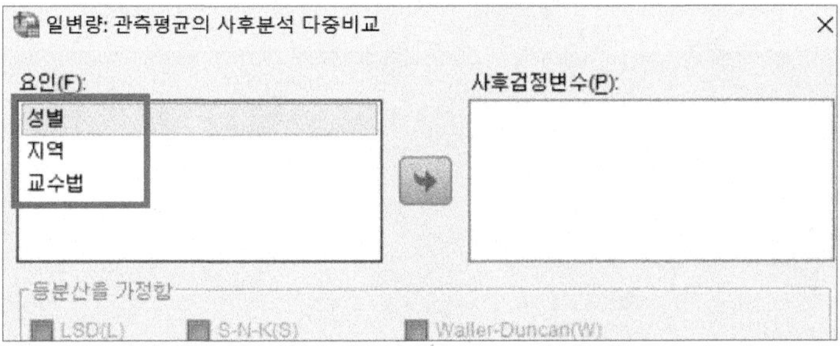

사후검정변수는 세 개 수준 이상인 변수만 해당하기 때문에 교수법을 지정하고, 사후검정 방법은 Scheffe와 Sidak을 클릭한 후 계속을 클릭한다. 또한 옵션을 클릭한 후 요인 및 상호작용변수를 오른쪽 평균출력기준창으로 보낸다. 옵션으로 기술통계량과 효과크기 등을 클릭한다.

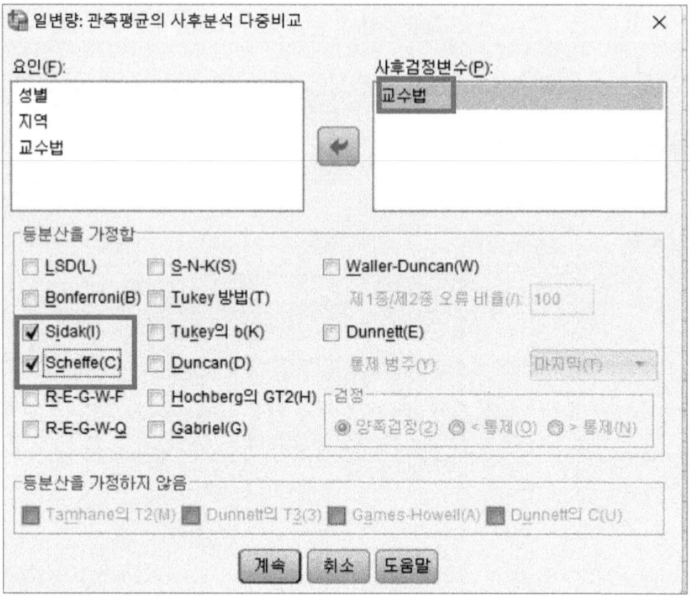

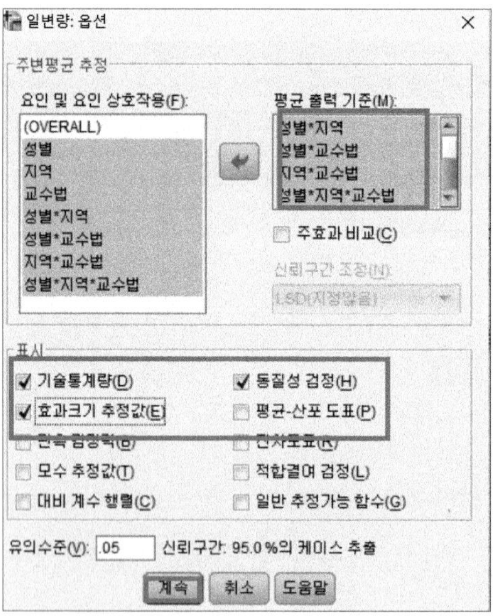

분석결과를 살펴보면 성별(F=74.71, df=1,60, $p<.001$), 지역(F=16.88, df=1,60, $p<.001$), 교수법(F=39.29, df=2, 60, $p<.001$) 등

세 가지 주효과가 모두 유의미하게 나타났다. 그러나 상호작용 효과는 모두 통계적으로 유의미하지 않게 나타난 것을 볼 수 있다.

개체-간 효과 검정

종속 변수: 성적

소스	제 III 유형 제곱합	자유도	평균 제곱	F	유의확률	부분 에타 제곱
수정 모형	125.486[a]	11	11.408	16.493	.000	.751
절편	1810.014	1	1810.014	2616.888	.000	.978
성별	51.681	1	51.681	74.719	.000	.555
지역	11.681	1	11.681	16.888	.000	.220
교수법	54.361	2	27.181	39.297	.000	.567
성별 * 지역	.347	1	.347	.502	.481	.008
성별 * 교수법	1.361	2	.681	.984	.380	.032
지역 * 교수법	2.694	2	1.347	1.948	.151	.061
성별 * 지역 * 교수법	3.361	2	1.681	2.430	.097	.075
오차	41.500	60	.692			
합계	1977.000	72				
수정 합계	166.986	71				

a. R 제곱 = .751 (수정된 R 제곱 = .706)

세 가지 독립변수 중 교수법이 세 가지 수준 이상이기 때문에 사후 검정 결과를 살펴보면 Scheffe결과와 Sidak결과 모두 개별화 교수법이 강의법과 문제중심학습법 보다 유의미하게 성적이 높은 것으로 나타났다. 강의법과 문제중심학습 사이에는 유의미한 차이가 없었다. 성별과 교수법, 지역과 교수법의 상호작용이 모두 유의미하지 않게 나타났기 때문에 개별화 교수법은 성별, 지역 등과 관계없이 효과가 있는 것을 보여준다.

ANOVA Omnibus tests

	SS	df	F	p	ω^2	ω^2p	ε^2	ε^2p
Model	125.486	11	16.493	< .001	0.703	0.703	0.706	0.706
성별	51.681	1	74.719	< .001	0.304	0.506	0.305	0.547
지역	11.681	1	16.888	< .001	0.066	0.181	0.066	0.207
교수법	54.361	2	39.297	< .001	0.316	0.515	0.317	0.553
성별 ∗ 지역	0.347	1	0.502	0.481	−0.002	−0.007	−0.002	−0.008
성별 ∗ 교수법	1.361	2	0.984	0.380	−0.000	−0.000	−0.000	−0.001
지역 ∗ 교수법	2.694	2	1.948	0.151	0.008	0.026	0.008	0.030
성별 ∗ 지역 ∗ 교수법	3.361	2	2.430	0.097	0.012	0.038	0.012	0.044
Residuals	41.500	60						
Total	166.986	71						

3.3. jamovi에서 삼원분산분석의 교차설계 실행

다음으로 jamovi에서 삼원분산분석의 교차설계를 실행하는 과정을 소개한다. 먼저 엑셀에 저장된 데이터 파일을 불러온다. jomovi → open → browse를 실행하고, 엑셀 파일을 클릭한다.

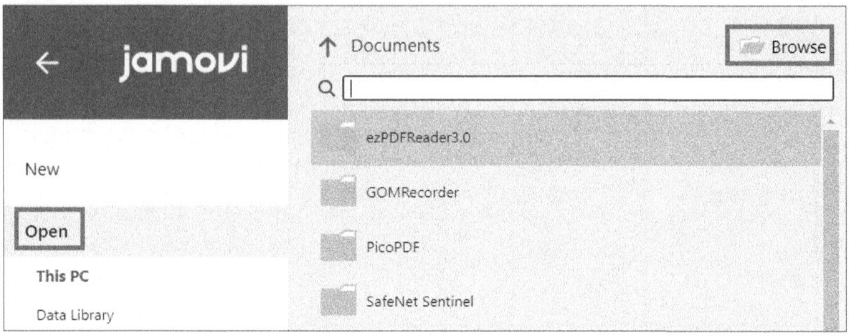

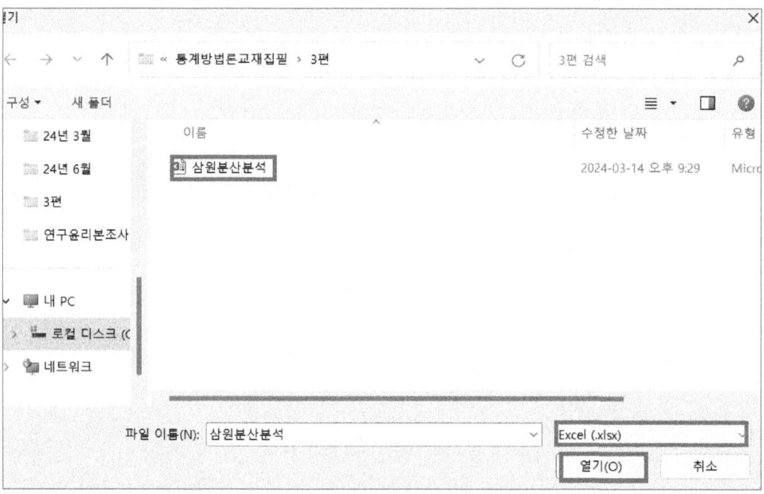

데이터가 열리면 Data를 클릭하고, 각 변수를 더블클릭하여 대화창을 연다. 이어서 성별, 지역, 교수법 등 명목변수의 번호를 집단명으로 변환한다. 마지막 성적은 Measure Type을 continuous로 변경한다.

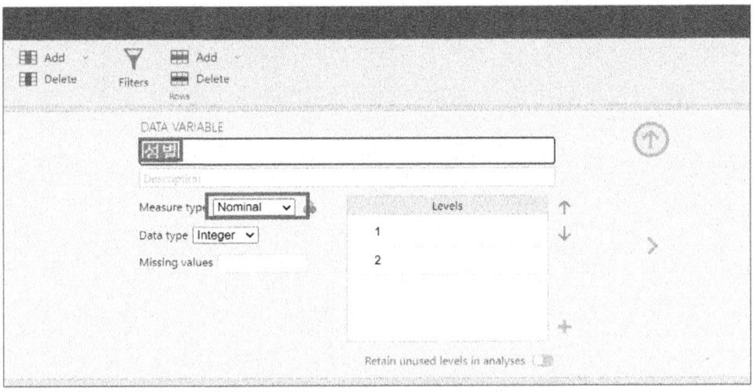
Add
Delete
Filters
Add
Delete
Rows
DATA VARIABLE
성별
Measure type Nominal
Data type Integer
Missing values
Levels
1
2
Retain unused levels in analyses

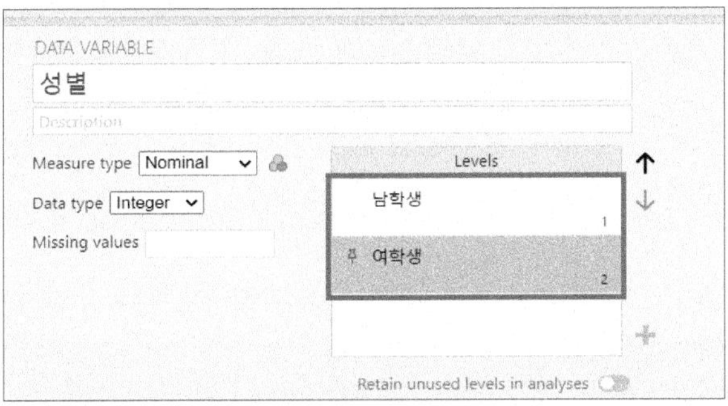
DATA VARIABLE
성별
Description
Measure type Nominal
Data type Integer
Missing values
Levels
남학생
1
여학생
2
Retain unused levels in analyses

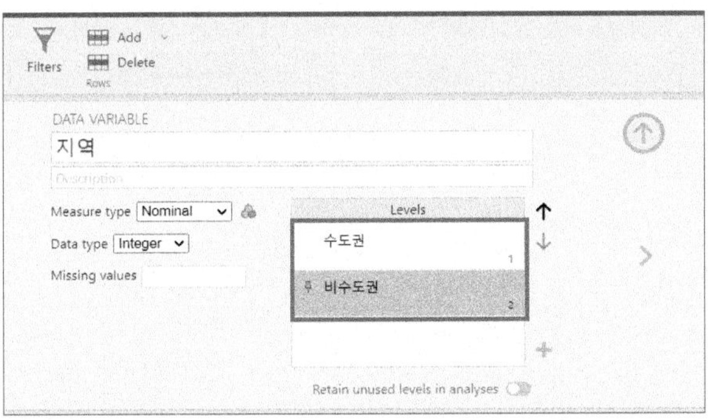
Filters
Add
Delete
Rows
DATA VARIABLE
지역
Measure type Nominal
Data type Integer
Missing values
Levels
수도권
1
비수도권
2
Retain unused levels in analyses

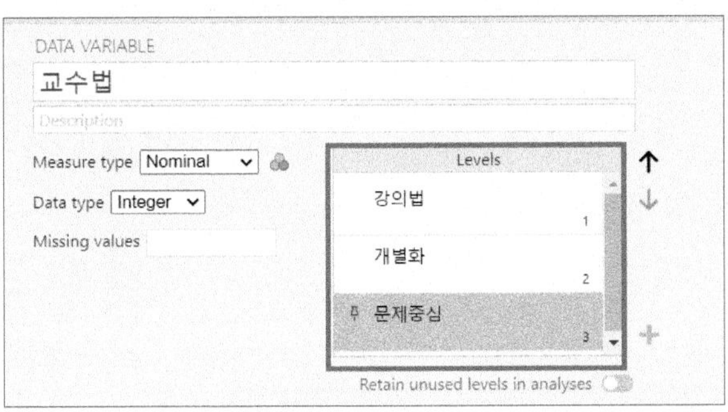
DATA VARIABLE
교수법
Description
Measure type Nominal
Data type Integer
Missing values
Levels
강의법
1
개별화
2
문제중심
3
Retain unused levels in analyses

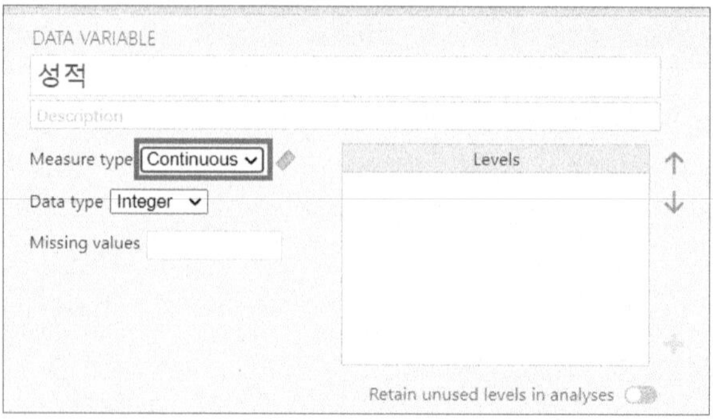

데이터가 열리면 jamovi에서 삼원분산분석의 교차설계 분석을 시작한다. Analyses → Linear Models → General Linear Model을 클릭한다. 대화창이 열리면 Dependent Variable에는 성적을, Factors

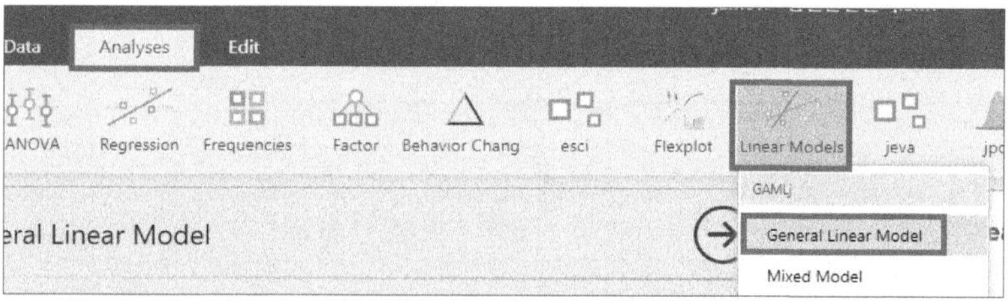

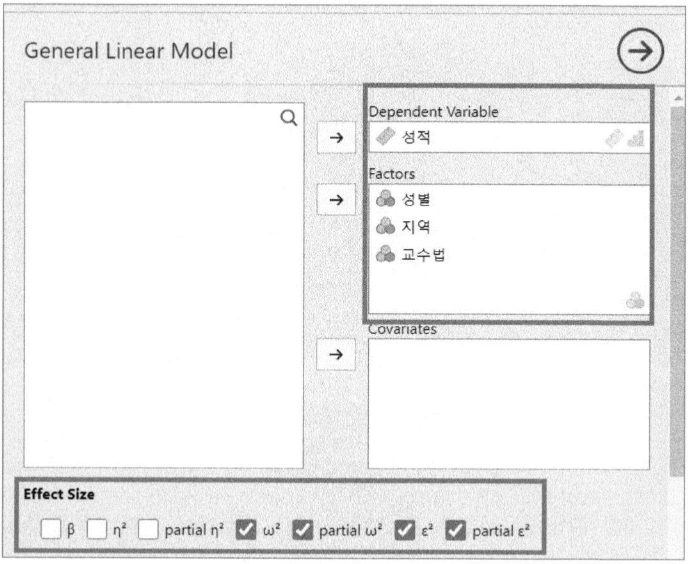

에는 성별, 지역, 교수법 등 세 가지 독립변수를 보낸다. Effect Size에서는 필요한 효과크기 지수들을 선택한다.

선택을 완료하면 오른쪽 결과창에 삼원분산분석 결과가 나타난다. 먼저 Omnibus 테스트 결과를 살펴보면 아래와 같이 제시할 수 있다.

ANOVA Omnibus tests

	SS	df	F	p	ω^2	$\omega^2 p$	ε^2	$\varepsilon^2 p$
Model	125.486	11	16.493	< .001	0.703	0.703	0.706	0.706
성별	51.681	1	74.719	< .001	0.304	0.506	0.305	0.547
지역	11.681	1	16.888	< .001	0.066	0.181	0.066	0.207
교수법	54.361	2	39.297	< .001	0.316	0.515	0.317	0.553
성별 ✻ 지역	0.347	1	0.502	0.481	−0.002	−0.007	−0.002	−0.008
성별 ✻ 교수법	1.361	2	0.984	0.380	−0.000	−0.000	−0.000	−0.001
지역 ✻ 교수법	2.694	2	1.948	0.151	0.008	0.026	0.008	0.030
성별 ✻ 지역 ✻ 교수법	3.361	2	2.430	0.097	0.012	0.038	0.012	0.044
Residuals	41.500	60						
Total	166.986	71						

전체 분석결과를 살펴보면 성별(F=74.72, df=1,60, p〈.001), 지역(F=16.88, df=1,60, p〈.001), 교수법(F=39.29, df=2,60, p〈.001) 등 세 가지 독립변수는 통계적으로 유의미했다. 효과크기오메가 제곱(ω2)을 기준으로 살펴보면 성별은 성적 분산의 30.4%, 지역은 6.6%, 교수법은 31.6%를 설명했다. 그러나 세 가지 독립변수의 상호작용 효과는 모두 통계적으로 유의미하지 않았다. 상호작용효과가 유의미하지 않았기 때문에 각 독립변수에 대해서 사후분석을 하려면 아래와 같이 진행할 수 있다.

Post Hoc Tests 탭을 클릭하고, 대화창이 나타나면 성별, 지역, 교수법 등 유의미한 차이가 있는 것으로 나타난 세 가지 독립변수를 검정변수 창으로 보낸다. 아래 검정방법은 Bonferroni와 Tukey방법을 선택한다.

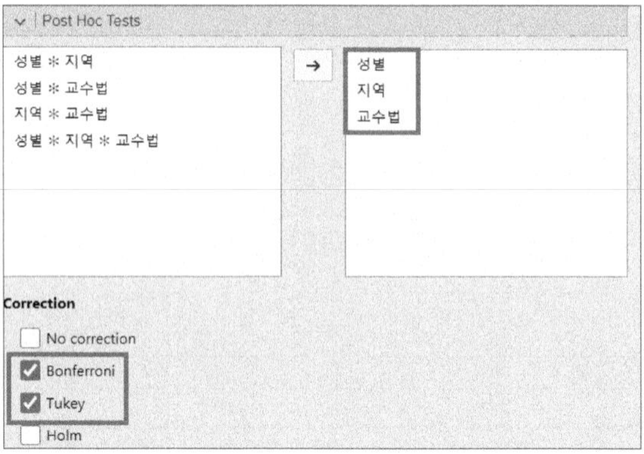

남녀 간의 차이를 살펴보면 여학생의 성적이 남학생보다 높고(t=-8.64, p<.001), 수도권 학생의 성적이 비수도권 학생보다 높다(t=4.11, p<.001). 교수법 사이에서 차이를 살펴보면 강의법과 개별화 학습방법 간에 유의미한 차이가 있고(t=6.42, p<.001), 강의법과 문제중심 학습법 사이에도 유의미한 차이가 있다(t=8.50, p<.001). 그러나 개별화 학습법과 문제중심 학습법 사이에는 유의미한 차이가 나타나지 않았다(t=2.08, p>.05).

Post Hoc Tests

Post Hoc Comparisons - 성별

Comparison								
성별		성별	Difference	SE	t	df	$p_{bonferroni}$	p_{tukey}
남학생	-	여학생	−1.69	0.196	−8.64	60.0	< .001	< .001

Post Hoc Comparisons - 지역

Comparison								
지역		지역	Difference	SE	t	df	$p_{bonferroni}$	p_{tukey}
수도권	-	비수도권	0.806	0.196	4.11	60.0	< .001	< .001

Post Hoc Comparisons - 교수법

Comparison								
교수법		교수법	Difference	SE	t	df	$p_{bonferroni}$	p_{tukey}
강의법	-	개별화	1.542	0.240	6.42	60.0	< .001	< .001
강의법	-	문제중심	2.042	0.240	8.50	60.0	< .001	< .001
개별화	-	문제중심	0.500	0.240	2.08	60.0	0.125	0.102

4장 반복측정 분산분석

4.1. 반복측정 설계의 개념과 필요성

동일한 대상에게 반복적인 처치를 가한 이후 그 효과를 규명하는 실험설계를 반복측정 분산분석이라고 한다. 반복설계는 성별, 연령, 거주지역, 신체적 특징 등 연구대상의 다양한 특성이 주는 영향을 통제하고, 처치변수의 효과를 알아보려고 할 때 유용하다. 예를 들어서, 새로운 약이 개발됐다고 가정할 때 연구자는 임상 실험을 통해서 신약의 효과를 알고 싶다. 그런데 연구대상은 자원자로 한정되기 때문에 임의 할당(random assignment)하기 어렵다. 또한 연구대상의 성별, 체중, 건강상태 등 다양한 변수를 통제하기 곤란하다, 이 경우는 무선할당에 의한 구획설계를 하기 보다 동일한 대상에게 반복처치를 가하고, 종속변수의 변화를 살피는 반복설계가 유용하다.

4.2. 반복측정 설계의 연구모형

아래 그림을 살펴보면 반복측정 설계의 핵심을 직관적으로 알 수 있다. 그림에서 S는 측정대상(subject)을 의미하고, T는 처치(treatment)를 의미한다.

	T1	T2	T3	…	TJ
S1					
S2					
S3					
…					
Sn					

반복측정 설계는 비교적 소수의 실험대상을 사용하여 처치의 효과를 확인할 수 있는 장점은 있으나 처치가 반복되면서 선행하는 처지 효과가 잔존하여 후행하는 처치에 영향을 줄 수 있다는 단점이 있다. 그러므로 반복설계는 선행효과가 완전하게 사라져서 후행하는 처치에 영향을 주지 않은 실험상황에서 적용할 수 있다.

예를 들어서 교육프로그램의 경우 강의법, 멀티미디어 교수법, 토의식 교수법 등을 차례대로 적용한다면 이전 교수법의 영향을 남아있어서 후행하는 교수법의 효과에 영향을 줄 수 있다. 따라서 이 경우는 반복설계보다는 구획설계가 더 효과적이다. 약물의 효과를 규명하는 연구에서도 A, B, C 약물을 연속해서 복용하게 되면 이전 약물의 효과가 남아있을 수 있다. 하지만 세 가지 교수법의 학습내용을 다르게 한다든지, 세 가지 약물 사이에 복용 간격을 충분히 둔다면 잔존효과의 영향을 어느 정도 상쇄할 수 있다.

4.2. spss에서 반복측정분산분석의 실행

먼저 익숙한 spss에서 반복측정분산분석을 실행하고, 해석하는 방법을 소개하려고 한다. 이를 위해 가상의 교수법 개입에 따른 학습자의 성취를 제시했다. 여기서 연구자는 선행 교수법의 잔존효과가 사라질 수 있도록 충분한 시간 간격을 두고 실험을 진행했다고 가정한다.

해당 데이터는 엑셀 형식으로 데이터 폴더에 저장되어 있으므로, spss를 실행한 후 데이터를 불러온다. 파일 → 열기 → 데이터를 클릭한 후, 데이터 열기 대화창에서 파일 형식을 Excel(xls)로 지정하여 원하는 파일을 클릭한다.

피험자	강의법	개별화	멀티미디어	토의법	$\overline{Y_i}$
S1	2	5	3	4	3.50
S2	3	4	4	3	3.50
S3	4	3	3	5	3.75
S4	3	5	5	4	4.25
S5	4	3	4	4	3.75
S6	2	2	3	3	2.50
S7	2	3	3	5	3.25
S8	4	5	5	6	5.00
S9	2	2	3	3	2.50
S10	5	7	5	6	5.75
$\overline{Y_j}$	3.10	3.90	3.80	4.30	$\overline{Y}$

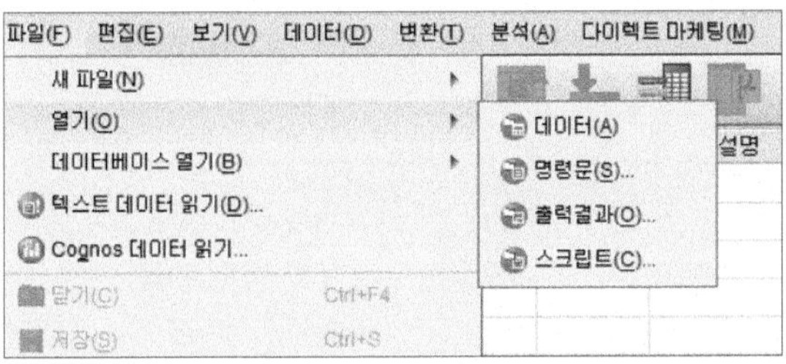

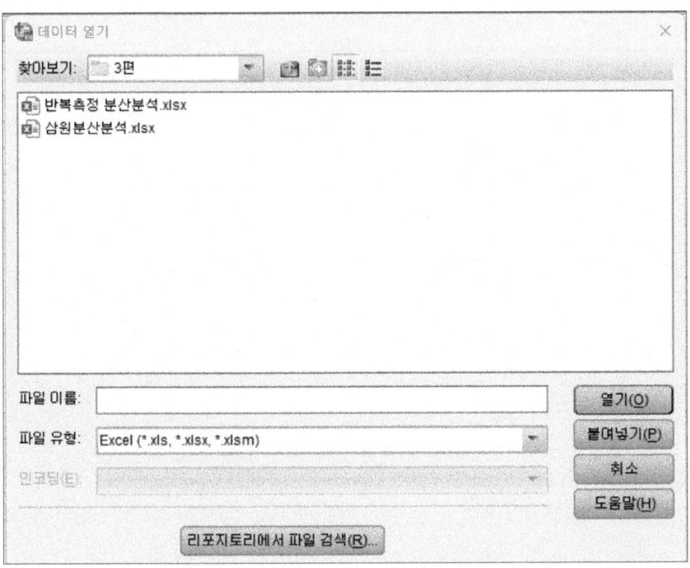

반복측정분산분석 파일을 선택하고, 열기를 클릭한다.

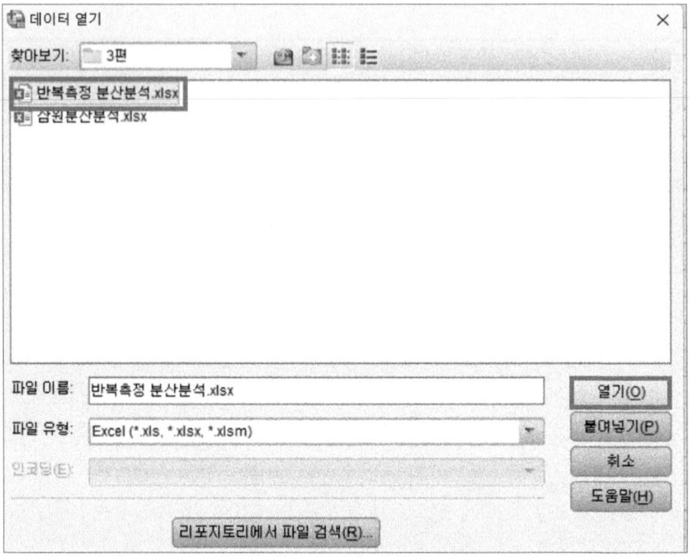

V1	V2	V3	V4
2.0	5.0	3.0	4.0
3.0	4.0	4.0	3.0
4.0	3.0	3.0	5.0
3.0	5.0	5.0	4.0
4.0	3.0	4.0	4.0
2.0	2.0	3.0	3.0
2.0	3.0	3.0	5.0
4.0	5.0	5.0	6.0
2.0	2.0	3.0	3.0
5.0	7.0	5.0	6.0

데이터가 열리면 저장한 후, 분석 → 일반선형모형 → 반복측정을 클릭한다. 대화창이 열리면 개체-내 요인 이름에는 '성취'를 입력하고, 추가를 클릭한다.

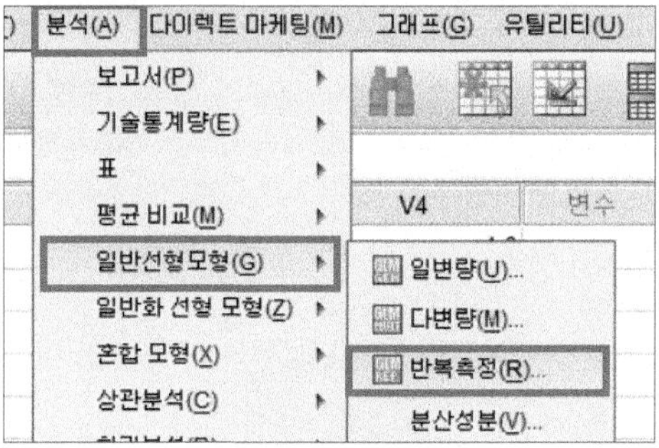

아래 측정이름은 '교수법'을 입력하고 추가를 클릭한다. 데이터의 변수보기 탭을 클릭하여, 변수명에 각각 강의법, 개별화, 멀티미디어, 토의법을 입력한다. 또한 측도에는 모두 척도를 클릭한다.

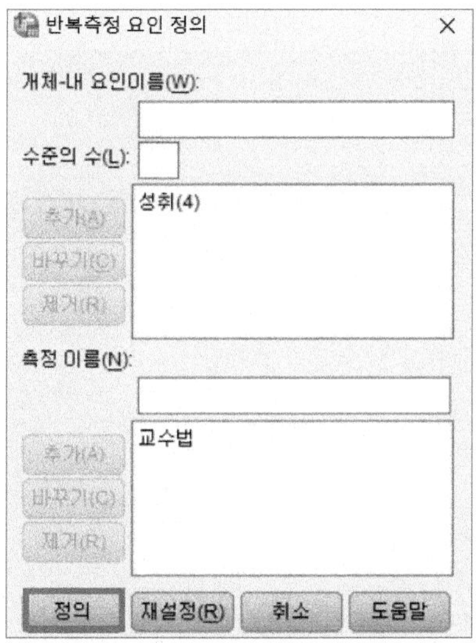

이름	유형	너비	소수점이...	설명	값	결측값	열	맞춤	측도
강의법	숫자	12	1		없음	없음	12	오른쪽	척도(S)
개별화	숫자	12	1		없음	없음	12	오른쪽	척도(S)
멀티미디어	숫자	12	1		없음	없음	12	오른쪽	척도(S)
토의법	숫자	12	1		없음	없음	12	오른쪽	척도(S)

위에서 '반복측정 요인 정의' 대화창에서 '정의' 탭을 클릭하면, 반복측정 대화창이 나타나는데, 네 가지 교수법 변수를 오른쪽 대화창으로 보낸다.

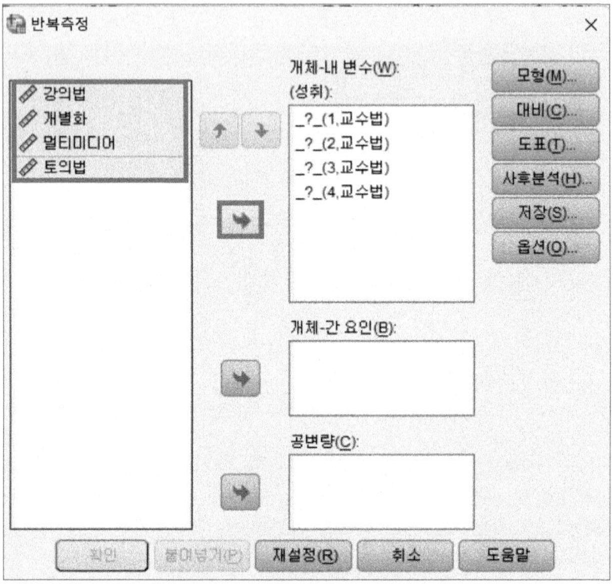

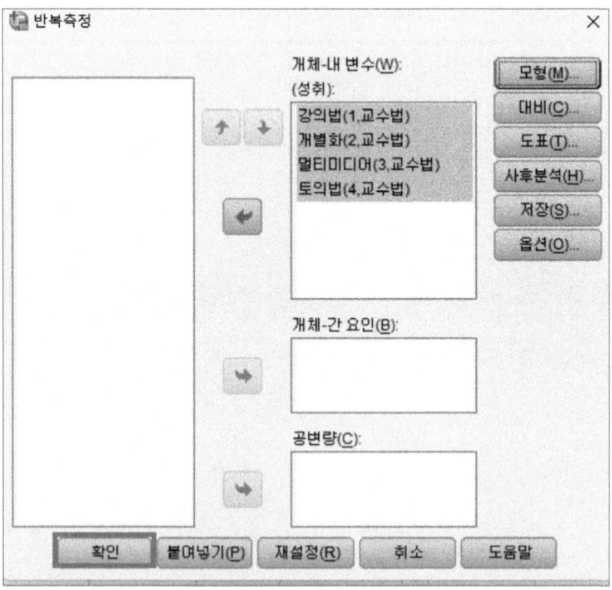

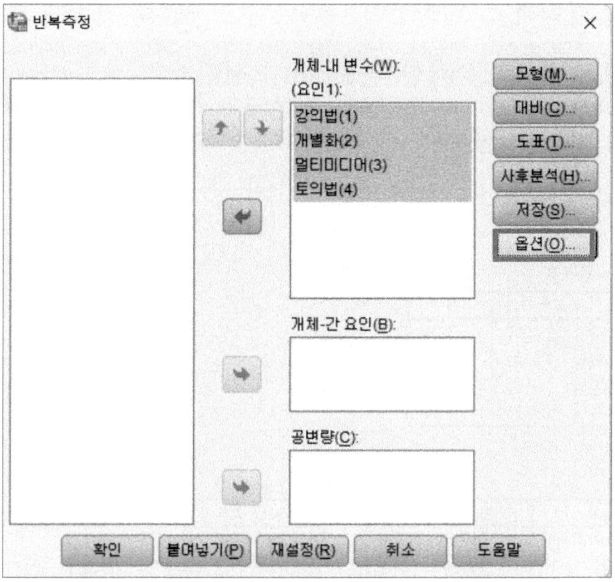
반복측정
개체-내 변수(W):
(요인1):
강의법(1)
개별화(2)
멀티미디어(3)
토의법(4)
모형(M)...
대비(C)...
도표(T)...
사후분석(H)...
저장(S)...
옵션(O)...
개체-간 요인(B):
공변량(C):
확인
붙여넣기(P)
재설정(R)
취소
도움말

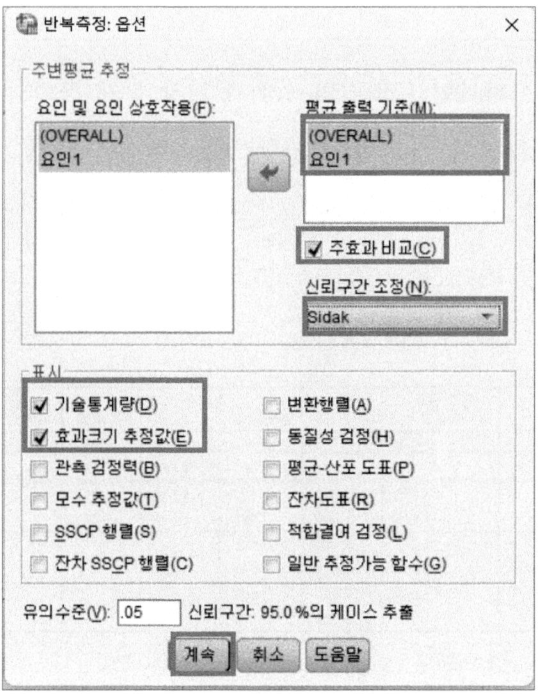
반복측정: 옵션
주변평균 추정
요인 및 요인 상호작용(F):
(OVERALL)
요인1
평균 출력 기준(M):
(OVERALL)
요인1
주효과 비교(C)
신뢰구간 조정(N):
Sidak
표시
기술통계량(D)
효과크기 추정값(E)
관측 검정력(B)
모수 추정값(T)
SSCP 행렬(S)
잔차 SSCP 행렬(C)
변환행렬(A)
동질성 검정(H)
평균-산포 도표(P)
잔차도표(R)
적합결여 검정(L)
일반 추정가능 함수(G)
유의수준(V): .05 신뢰구간: 95.0 %의 케이스 추출
계속
취소
도움말

이어서 옵션을 클릭하고, 대화창이 나타나면 평균출력 기준에 요인 1을 보내고, 주효과 비교를 클릭한 후 Sidak을 선택한다. 또한 아래 선택창에서 기술통계량과 효과크기 추정값을 선택한 후 계속을 클릭한다. 출력된 결과를 살펴보면 다음과 같다.

기술통계량

	평균	표준편차	N
강의법	3.100	1.1005	10
개별화	3.900	1.5951	10
멀티미디어	3.800	.9189	10
토의법	4.300	1.1595	10

다변량 검정[a]

효과		값	F	가설 자유도	오차 자유도	유의확률	부분 에타 제곱
요인1	Pillai의 트레이스	.697	5.374[b]	3.000	7.000	.031	.697
	Wilks의 람다	.303	5.374[b]	3.000	7.000	.031	.697
	Hotelling의 트레이스	2.303	5.374[b]	3.000	7.000	.031	.697
	Roy의 최대근	2.303	5.374[b]	3.000	7.000	.031	.697

먼저 기술통계량을 살펴보면 토의법의 성취가 가장 높게 나타났고 (M=4.3, SD=1.15), 강의법의 성취가 가장 낮게 나타났다(M=3.10, SD=1.10). 다변량검정은 Wilks의 람다 값을 검토하는데, 통계적으로 유의미한 결과를 나타냈다(Wilk's λ=.303, F=5.37, df1=3, df2=7, p<.05).

개체-내 효과 검정

측도: MEASURE_1

소스		제 III 유형 제곱합	자유도	평균 제곱	F	유의확률	부분 에타 제곱
요인1	구형성 가정	7.475	3	2.492	4.134	.016	.315
	Greenhouse-Geisser	7.475	2.424	3.084	4.134	.024	.315
	Huynh-Feldt	7.475	3.000	2.492	4.134	.016	.315
	하한값	7.475	1.000	7.475	4.134	.073	.315
오차(요인1)	구형성 가정	16.275	27	.603			
	Greenhouse-Geisser	16.275	21.815	.746			
	Huynh-Feldt	16.275	27.000	.603			
	하한값	16.275	9.000	1.808			

대응별 비교

측도: MEASURE_1

(I) 요인1	(J) 요인1	평균차(I-J)	표준오차	유의확률[b]	차이에 대한 95% 신뢰구간[b]	
					하한값	상한값
1	2	-.800	.416	.420	-2.195	.595
	3	-.700	.260	.140	-1.572	.172
	4	-1.200*	.291	.015	-2.174	-.226
2	1	.800	.416	.420	-.595	2.195
	3	.100	.348	1.000	-1.066	1.266
	4	-.400	.400	.920	-1.740	.940
3	1	.700	.260	.140	-.172	1.572
	2	-.100	.348	1.000	-1.266	1.066
	4	-.500	.342	.690	-1.645	.645
4	1	1.200*	.291	.015	.226	2.174
	2	.400	.400	.920	-.940	1.740
	3	.500	.342	.690	-.645	1.645

추정된 주변평균을 기준으로

*. 평균차는 .05 수준에서 유의합니다.

b. 다중비교에 대한 조정: Sidak

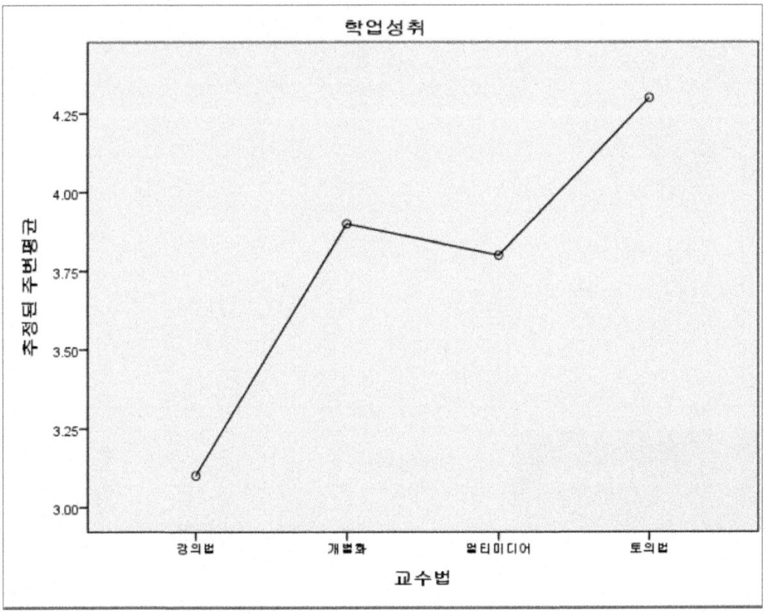

각 참여자(개체)가 각기 다른 교수법으로 수업을 들은 후 도달한 학업성취에 대한 반복측정분산분석 결과 통계적으로 유의미한 차이가

나타났는데, 이를 판단하기 위해서는 Green-Geisser 측정치를 보고하면 된다($F=4.13$, $p<.05$). 각기 다른 교수법의 효과 차이에 대한 Sidak 대응비교를 살펴보면 강의법과 토의법 사이에 유의미한 성취에 차이가 있었다.

4.3. jamovi에서 반복측정분산분석의 실행

이제 동일한 데이터를 가지고 jamovi에서 분석을 실행한다. 먼저 jamovi를 실행한 후 엑셀형식으로 저장된 데이터를 불러온다. Open → Browse를 클릭하고, 데이터 파일을 선택한다.

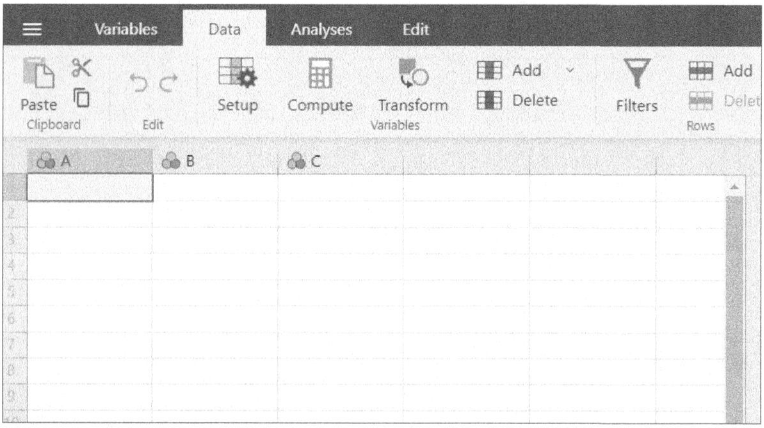

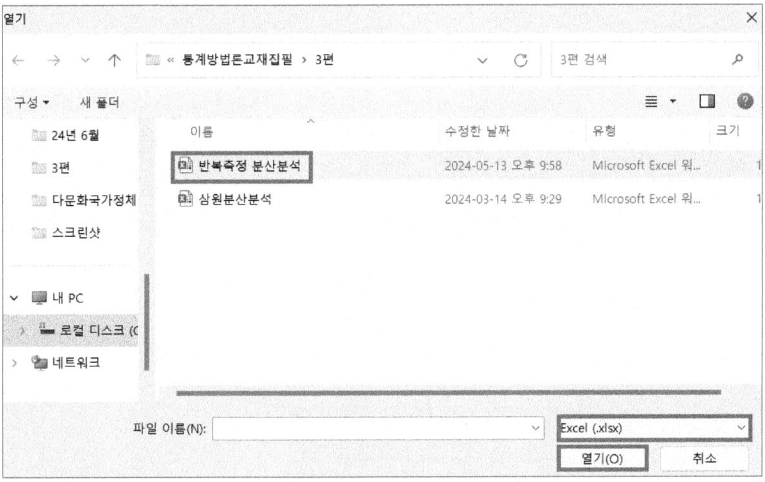

파일 형식에서 Excel을 지정하고 반복측정분산분석 파일을 클릭한다. 데이터가 열리면 Data에서 변수를 더블클릭한 후 Measure Type을 Continuous로 지정한다. 이어서 Analysis → ANOVA를 클릭하고 하위항목 중 Repeated Measures ANOVA Friedman를 클릭한다. 대화창이 열리면 네 가지 변수를 모두 오른쪽 Measure 창으로 보낸다. 이어서 아래 옵션에서 Pairwise Comparison, Descriptives, Descriptive Plot을 선택하고, Means를 클릭한다.

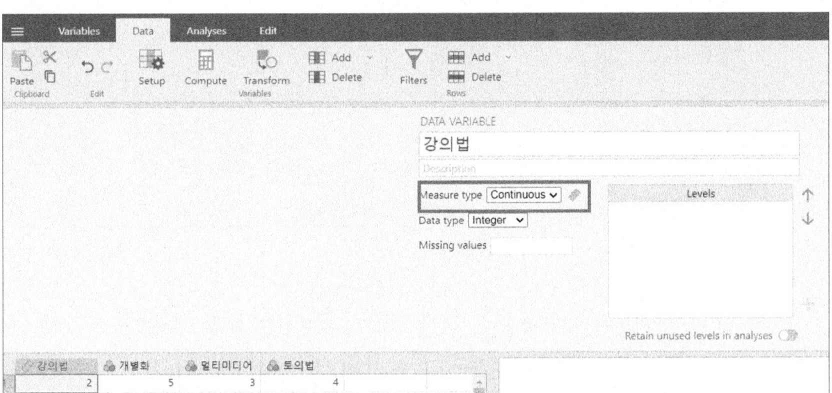

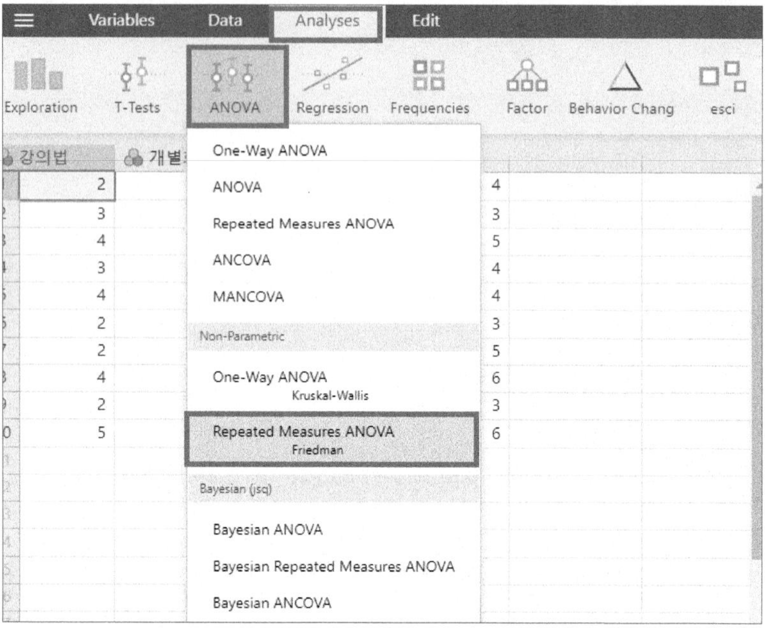

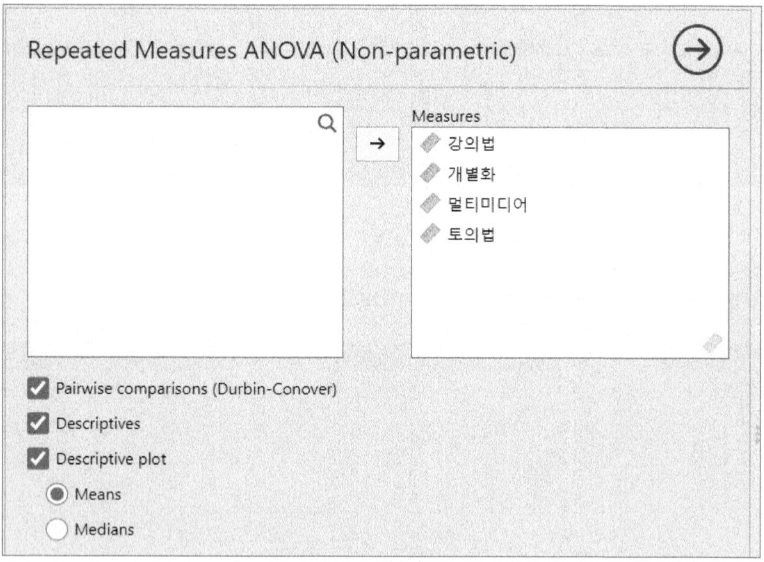

그러면 결과값이 오른편 창에 나타난다. 결과를 살펴보면 네 개의 교수법에 따른 학업성취 평균은 강의법이 가장 낮았고(M=3.10), 토의

법이 가장 높았다(M=4.30). 네 가지 교수법이 각 참여자의 학업성취에 미치는 영향에는 통계적으로 유의미한 차이가 있고($\chi 2=9.00$, $p<.05$), 사후검증 결과 강의법과 멀티미디어 교수법($t=2.34$, $p<.05$), 강의법과 토의법($t=3.30$, $p<.01$) 사이에 유의미한 차이가 있었다.

Descriptives

	Mean	Median
강의법	3.10	3.00
개별화	3.90	3.50
멀티미디어	3.80	3.50
토의법	4.30	4.00

Friedman

χ^2	df	p
9.00	3	0.029

Pairwise Comparisons (Durbin-Conover)

			Statistic	p
강의법	-	개별화	2.024	0.053
강의법	-	멀티미디어	2.343	0.027
강의법	-	토의법	3.302	0.003
개별화	-	멀티미디어	0.320	0.752
개별화	-	토의법	1.278	0.212
멀티미디어	-	토의법	0.959	0.346

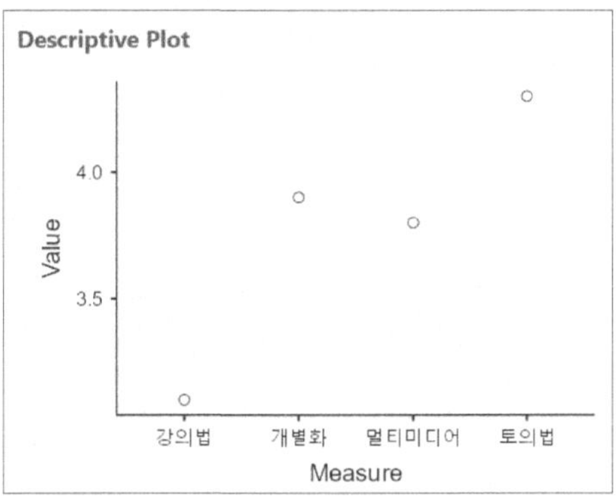

4.4. spss에서 2요인 반복측정분산분석의 실행

2요인 반복측정 설계는 앞서 살펴본 1요인 반복측정분산분석의 확장 설계이다. 1요인 설계의 경우 처치요인이 한 개이고 각 실험대상은 구획으로 작용하는 모델인데, 2요인 설계는 처치요인이 두 개이고 각 실험대상은 구획으로 역할을 한다. 예를 들어서 아래와 같은 연구설계를 가정할 수 있는데, 처치변수는 교수법과 수업기간으로 두 개이고, 10명의 피험자에게 실험을 진행한다.

교수법	강의법			토의법		
수업기간	1달	2달	3달	1달	2달	3달
S1	2	3	4	4	5	6
S2	2	2	3	3	3	5
S3	1	1	3	2	3	4
S4	2	2	3	3	5	6
S5	2	3	3	4	5	6
S6	1	2	3	3	5	7
S7	2	2	2	3	3	4
S8	2	2	4	2	3	4
S9	2	2	3	3	4	5
S10	1	1	2	3	3	4
$\overline{Y}$	1.7	2	3	3	3.9	5.1

분석을 위해서 먼저 spss를 실행하고, 엑셀 형식으로 저장된 데이터를 불러온다.

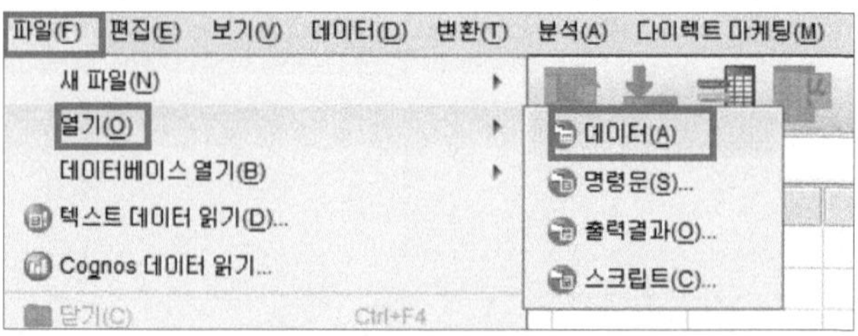

대상자	교수법	기간	성취
1	1	1	2
1	1	2	3
1	1	3	4
1	2	1	4
1	2	2	3
1	2	3	6
2	1	1	2
2	1	2	2
2	1	3	3
2	2	1	3
2	2	2	3
2	2	3	5

데이터열기 → 파일유형에서 Excel을 클릭 후 → 해당 파일을 클릭 한다.

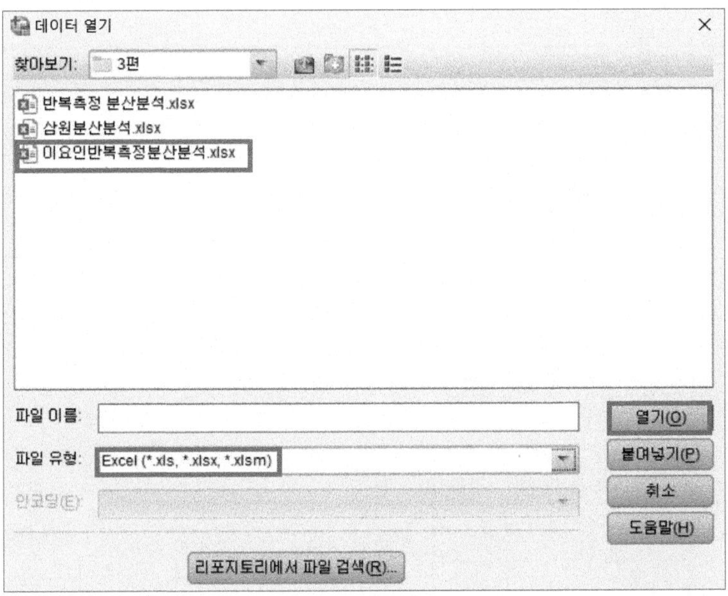

대상자	교수법	기간	성취	변수
1	1.0	1.0	2.0	
1	1.0	2.0	3.0	
1	1.0	3.0	4.0	
1	2.0	1.0	4.0	
1	2.0	2.0	3.0	

데이터 파일이 열리면 변수보기를 클릭하여 대상자, 교수법, 기간 등의 측도는 명목으로 지정하고, 성취의 측도는 척도로 지정한다. 이어서 변수값 설명을 클릭하여 각 변수의 수준별 설명을 입력한다.

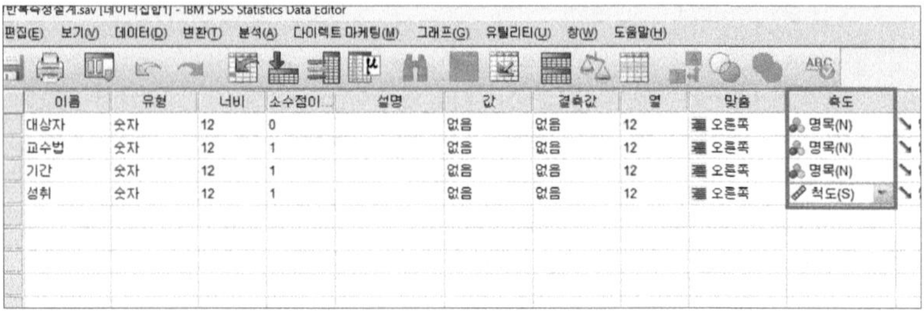

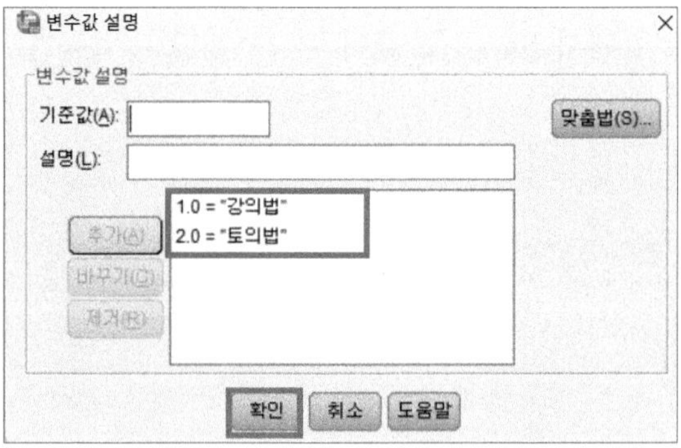

이어서 분석 → 일반선형모형 → 일변량을 클릭한다. 이어서 대화창이 열리면 종속변수에 성취, 모수요인에는 교수법과 기간, 변량요인에는 대상자를 보낸다.

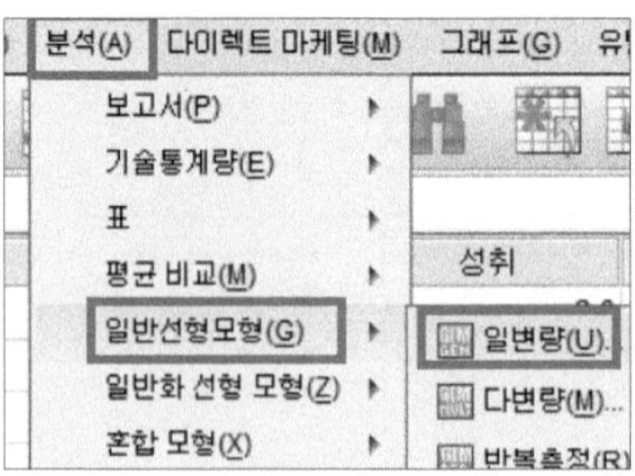

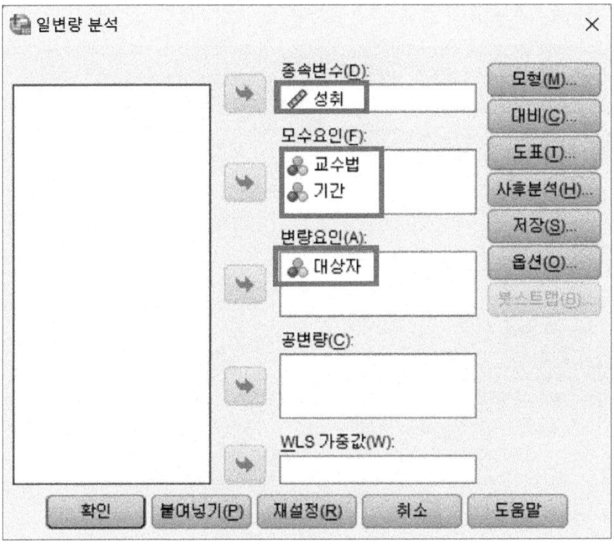

대비를 클릭하고 교수법과 기간의 대비방법으로 단순을 클릭하고, 계속을 클릭한다.

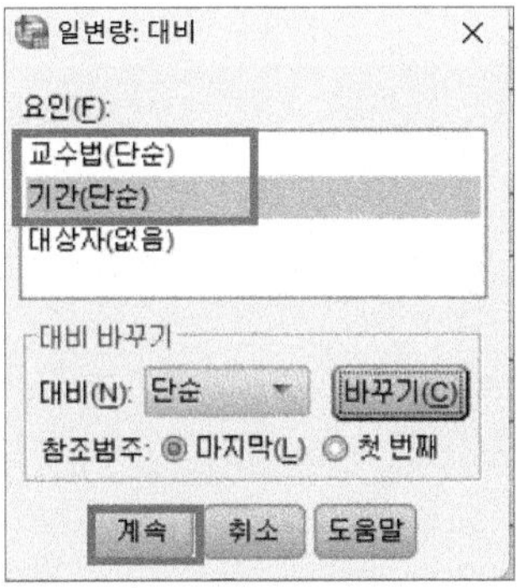

이어서 일변량 평균비교의 사후분석을 위한 검정변수에는 교수법과 기간을 보내고, Sidak과 Scheffe방법을 선택한다. 옵션에서는 기술통계량을 선택한다.

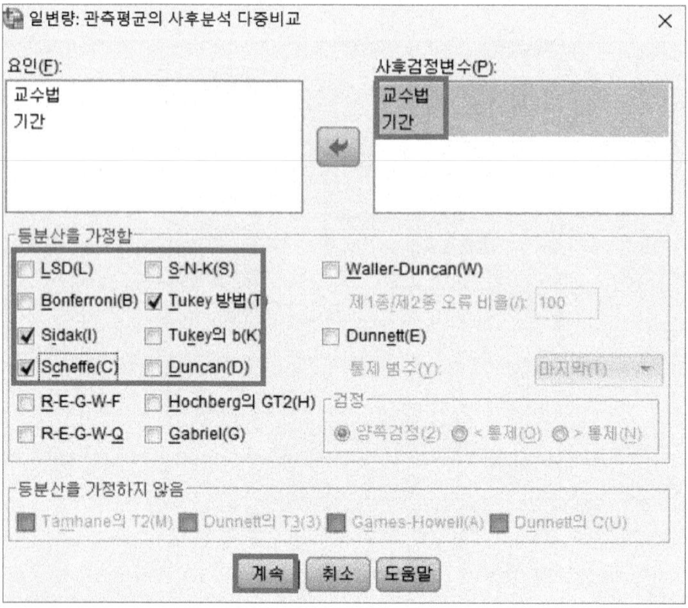

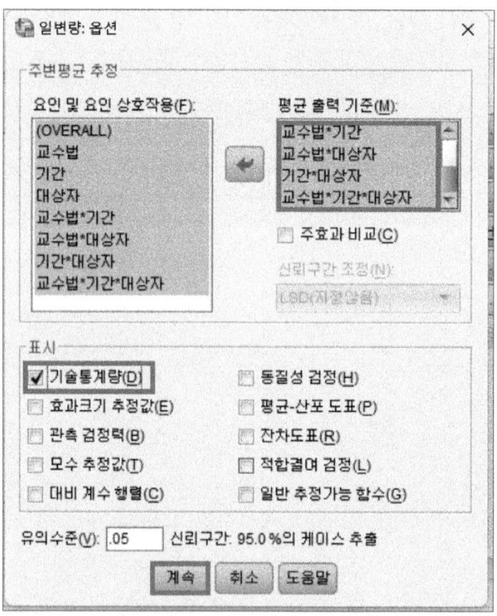

이요인 반복측정 설계 분석의 결과를 살펴보면 교수법(F=70.72, p<.001)과 기간(F=24.90, p<.001)에 따라서 유의미한 차이가 있다. 그러나 교수법과 기간에 따른 상호작용은 유의미하지 않았다.

기간에 따른 사후검정 결과를 살펴보면 Scheffe와 Sidak 결과 모두 3달이 1달보다 성취가 더 높았고(d=-1.70, p<.001), 2달보다 3달의 성취가 더 높았다(d=-1.20, p<.001).

기술통계량

종속 변수: 성취

교수법	기간	평균	표준편차	N
강의법	1달	1.700	.4830	10
	2달	2.000	.6667	10
	3달	3.000	.6667	10
	합계	2.233	.8172	30
토의법	1달	3.000	.6667	10
	2달	3.700	.9487	10
	3달	5.100	1.1005	10
	합계	3.933	1.2576	30
합계	1달	2.350	.8751	20
	2달	2.850	1.1821	20
	3달	4.050	1.3945	20
	합계	3.083	1.3566	60

개체-간 효과 검정

종속 변수: 성취

소스	제 III 유형 제곱합	자유도	평균 제곱	F	유의확률
모형	645.900[a]	6	107.650	175.622	.000
교수법	43.350	1	43.350	70.722	.000
기간	30.533	2	15.267	24.906	.000
교수법 * 기간	1.600	2	.800	1.305	.280
오차	33.100	54	.613		
합계	679.000	60			

a. R 제곱 = .951 (수정된 R 제곱 = .946)

다중 비교

종속 변수: 성취

	(I) 기간	(J) 기간	평균차(I-J)	표준오차	유의확률	95% 신뢰구간 하한값	95% 신뢰구간 상한값
Scheffe	1달	2달	-.500	.2476	.140	-1.123	.123
		3달	-1.700*	.2476	.000	-2.323	-1.077
	2달	1달	.500	.2476	.140	-.123	1.123
		3달	-1.200*	.2476	.000	-1.823	-.577
	3달	1달	1.700*	.2476	.000	1.077	2.323
		2달	1.200*	.2476	.000	.577	1.823
Sidak	1달	2달	-.500	.2476	.138	-1.110	.110
		3달	-1.700*	.2476	.000	-2.310	-1.090
	2달	1달	.500	.2476	.138	-.110	1.110
		3달	-1.200*	.2476	.000	-1.810	-.590
	3달	1달	1.700*	.2476	.000	1.090	2.310
		2달	1.200*	.2476	.000	.590	1.810

관측평균을 기준으로 합니다.
오류 조건은 평균 제곱(오류) = .613입니다.
*. 평균차는 .05 수준에서 유의합니다.

4.5. jamovi를 이용한 2요인 반복측정설계의 분석

jamovi에서 2요인 반복측정설계를 분석하기 위해서 먼저 엑셀로 저장된 데이터를 불러온다. Open → Browse를 누르고, 파일 형식에 엑셀을 지정한 후 2요인 반복측정분산분석 파일을 읽는다.

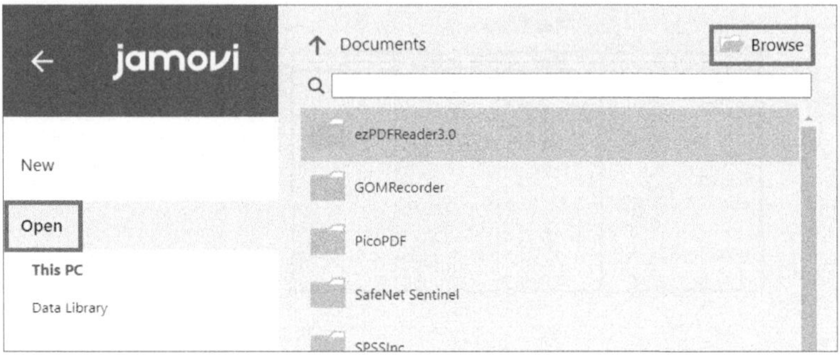

데이터가 열리면 나머지 변수는 nominal로 하고, 성취는 더블클릭 후 Measure Type에 Continuous로 지정한다.

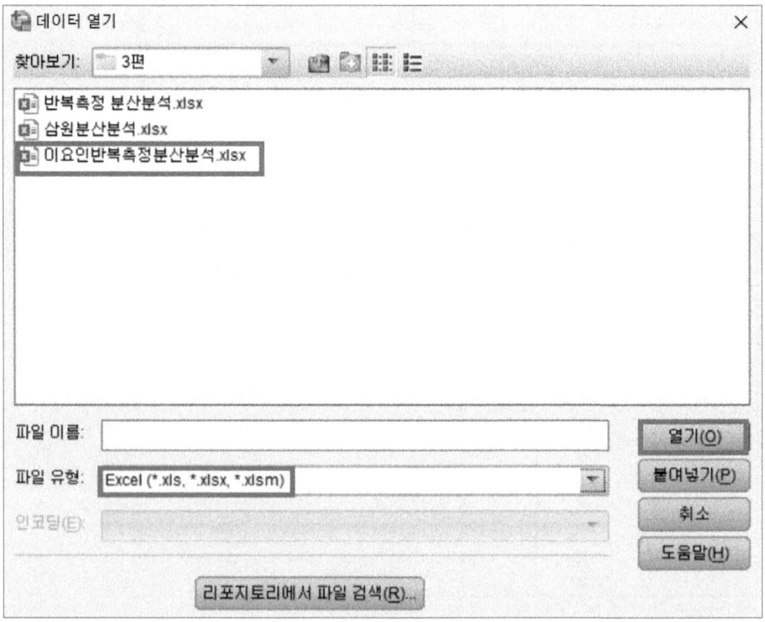

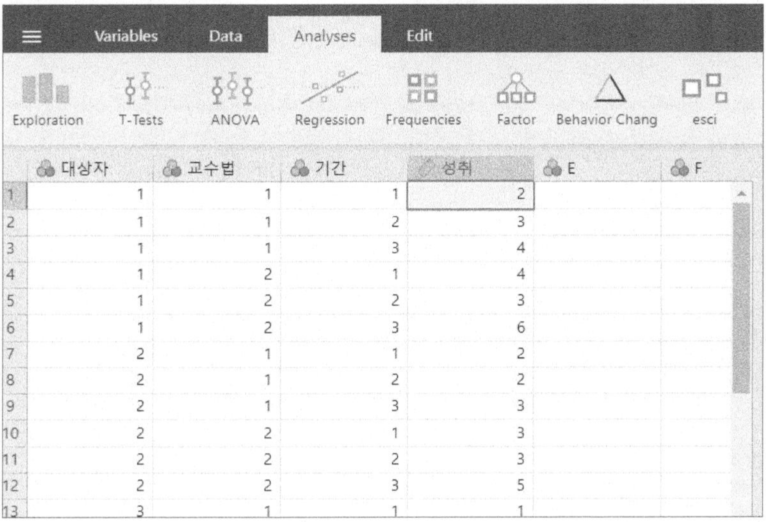

이어서 Analyses → Linear Models → General Linear Model을 클릭한다. 대화창이 열리면 Dependent Variable에는 성취를 지정하고, 교수법과 기간은 Factors에 보낸다. 아래 다양한 옵션창에서 Post Hoc Tests를 클릭하고 교수법과 기간을 검정변수 창에 보낸 후 아래 Correction 옵션에서는 Bonferroni와 Tukey를 클릭한다.

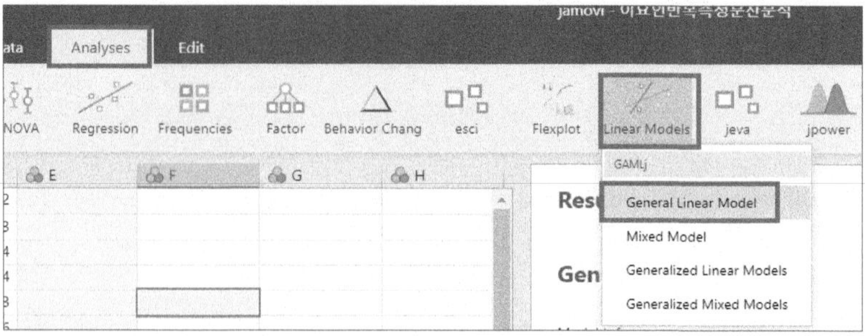
Analyses
Edit
Regression
Frequencies
Factor
Behavior Chang
esci
Flexplot
Linear Models
jeva
jpower
GAMLj
General Linear Model
Mixed Model
Generalized Linear Models
Generalized Mixed Models

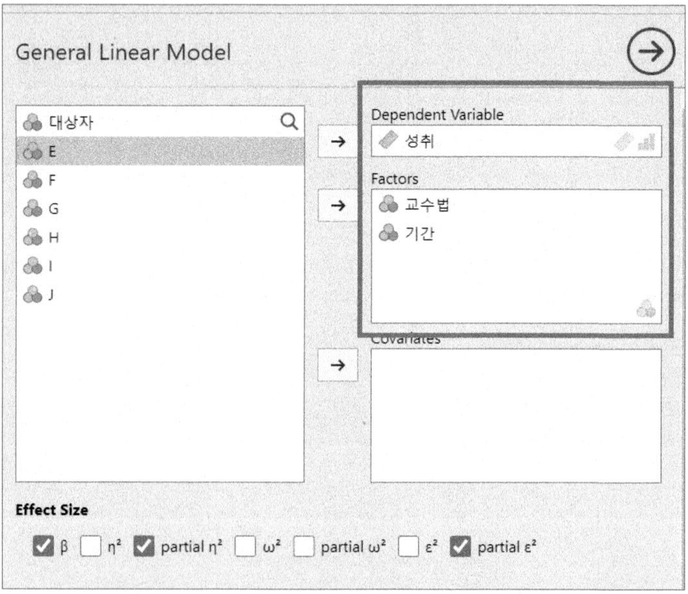
General Linear Model
대상자
E
F
G
H
I
J
Dependent Variable
성취
Factors
교수법
기간
Covariates
Effect Size
β
η²
partial η²
ω²
partial ω²
ε²
partial ε²

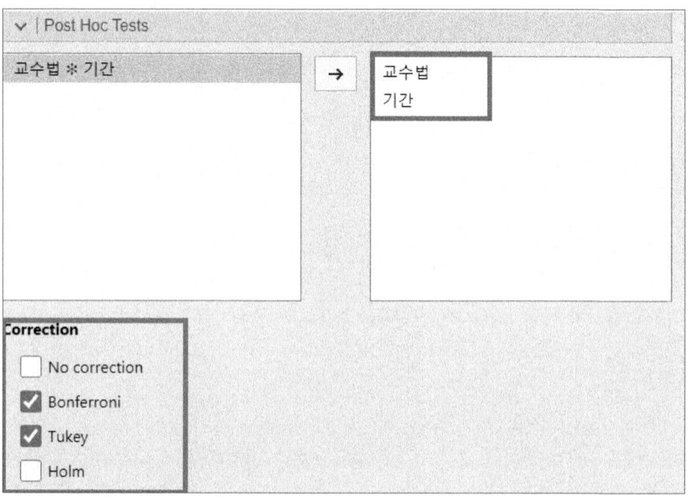
Post Hoc Tests
교수법 ✻ 기간
교수법
기간
Correction
No correction
Bonferroni
Tukey
Holm

결과를 살펴보면 교수법(F=70.72, p<.001)과 기간(F=24.91, p<.001)에 따라서 성취에 유의미한 차이가 있었다. Post Hoc 사후검정 결과를 살펴보면 토의법이 강의법보다 성취가 유의미하게 높았고(t=-8.41, p<.001), 기간에 따라서도 유의미한 차이가 있었다(3달 > 2달, 1달).

ANOVA Omnibus tests

	SS	df	F	p	η^2p	ε^2p
Model	75.48	5	24.63	< .001	0.695	0.667
교수법	43.35	1	70.72	< .001	0.567	0.559
기간	30.53	2	24.91	< .001	0.480	0.461
교수법 ✻ 기간	1.60	2	1.31	0.280	0.046	0.011
Residuals	33.10	54				
Total	108.58	59				

Post Hoc Tests

Post Hoc Comparisons - 교수법

Comparison								
교수법		교수법	Difference	SE	t	df	$p_{bonferroni}$	p_{tukey}
1	-	2	-1.70	0.202	-8.41	54.0	< .001	< .001

Post Hoc Comparisons - 기간

Comparison								
기간		기간	Difference	SE	t	df	$p_{bonferroni}$	p_{tukey}
1	-	2	-0.500	0.248	-2.02	54.0	0.145	0.117
1	-	3	-1.700	0.248	-6.87	54.0	< .001	< .001
2	-	3	-1.200	0.248	-4.85	54.0	< .001	< .001

Plots

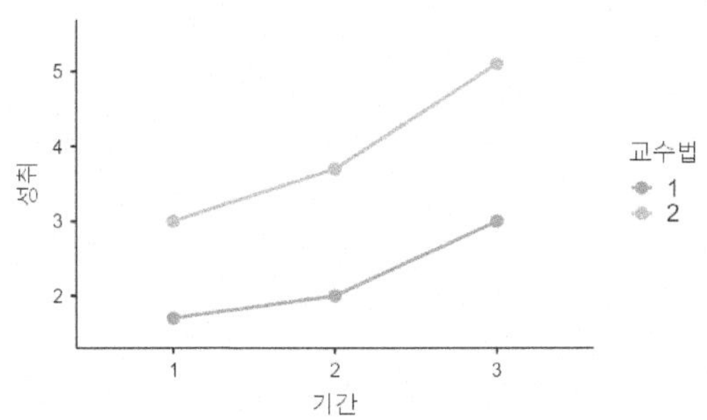

참고문헌

문수백, 변찬진 (2013). 사회과학연구를 위한 실험설계•분석의 이해와 활용. 서울: 학지사.

성태제(2018). 실험설계분석. 서울: 학지사.

Barclay, W. D. (1969). Factorial Design in a Pricing Experiment. Journal of Marketing Research, 6(4), 427-429.

Fisher R. A. (1936). Design of Experiments. Br Med J., 141(3923):554.

jamovi를 이용한 사회과학연구방법론 시리즈: #3
다원분산분석과 실험설계

저자 정병삼

정가 8,500원
ISBN 978-89-5568-528-2
발행일 2024년 9월 12일

출판사 도서출판 양서각
주소 경기도 가평군 청평면 소돌말길 7-6
전화번호 010-2063-5489

반품처 서연물류
주소 경기도 파주시 장터고개길 120
전화번호 010-9228-7723